IMPRESSUM

Herausgeber
Dr. Egbert Strauß, Theo Grüntjens, Cornelia Meutzner

Erstauflage
ISBN 978-3-947379-14-9

DR. EGBERT STRAUß | THEO GRÜNTJENS | CORNELIA MEUTZNER

FASZINATION BIRKHUHN

DIE LETZTEN RITTER DER HEIDE

Laß deine Augen offen sein,
geschlossen deinen Mund,
und wandle still,
so werden dir geheime Dinge kund.

Hermann Löns, (1866 - 1914),
deutscher Naturforscher und Heidedichter

GRUßWORT

In meiner Jugend und später als Wildbiologe habe ich noch die faszinierende Balz des Birkhuhns in verschiedenen niedersächsischen Heide- und Moorgebieten erleben dürfen. So weckte das Birkhuhn mein besonderes Interesse. Die Beobachtungen erinnerten mich hautnah an die stimmungsvollen Schilderungen von Hermann Löns, insbesondere die Erzählungen der Birkhuhnbalz. Um die schwarzen Ritter ist es zwischenzeitlich jedoch einsam geworden.

Der dramatische Rückgang der Birkhühner in Niedersachsen bzw. in Deutschland lässt sich an der Populationsentwicklung im Großen Moor, einem 2.720 Hektar großen Naturschutzgebiet bei Gifhorn darstellen. Seit den 1980er Jahren konnte ich die Birkhühner in ihren Restlebensräumen über mehr als drei Jahrzehnte beobachten und ökologische Zusammenhänge wissenschaftlich untersuchen. Im Großen Moor begleitete ich ein Auswilderungs- bzw. Erhaltungsprojekt. Trotz dieser Maßnahmen brach die Birkhuhnpopulation im Moor zusammen. Noch Mitte der 1960er Jahre wurden in diesem Gebiet circa 850 Birkhühner gezählt, 1972 noch knapp 300 und bereits 1986 konnten nur noch 14 Tiere nachgewiesen werden. Seit 2001 sind Birkhühner im Großen Moor ausgestorben. In Niedersachsen gibt es derzeit nur noch etwa 130 Birkhühner, ausgehend von rund 7.700 Birkhühner in den Siebzigern. Es wird immer wieder deutlich, dass einerseits Biotoppflege- und Erhaltungsmaßnahmen in Birkhuhnlebensräumen notwendig, andererseits aber auch wesentlich bessere Kenntnisse über Habitatansprüche und Räuber-Beute-Beziehungen der Birkhühner erforderlich sind. Untersuchungen sollten sich auf diese Problematiken konzentrieren, auch zum Schutz anderer Arten in naturnahen Lebensräumen von Moor und Heide. Das Birkhuhn gilt hierbei als Leitart für den Zustand naturnaher Heiden und Moore.

Mit beeindruckend schönen Fotos und sachlich-wissenschaftlichem Hintergrund verdeutlicht dieses Buch die Faszination, die das Birkhuhn als ehemaliger Charaktervogel der niedersächsischen Moore und Heiden ausstrahlt. In der Hoffnung, dass die „letzten Ritter der Heide“ in den verbliebenen Restlebensräumen in Niedersachsen eine Zukunft haben.

Dr. Gunter Sodeikat im Oktober 2019

Dr. Gunter Sodeikat legte bereits 1982 den Grundstein für die wissenschaftliche Forschung zum Erhalt der Birkhühner in Norddeutschland und gilt als einer der erfahrensten Wissenschaftler auf diesem Gebiet. Der mittlerweile pensionierte Wildbiologe forschte als Stationsleiter am Institut für Wildtierforschung in Ahnsen und später am ITAW. Er ist bis heute ein engagierter Botschafter des Artenschutzes.

VORWORT

Meine wissenschaftliche Forschung zum Birkwild begann in den 1980er Jahren in den norddeutschen Mooren, wo durch Auswilderungen die stark geschrumpften Birkhuhnbestände gestützt werden sollten. Am Institut für Wildtierforschung hat das Projektteam um Dr. Gunter Sodeikat, Dr. Ulrich Fehlberg und Angelika Niebuhr Birkhühner für Auswilderungsprojekte gezüchtet und die Haltungs- und Auswilderungsmethoden erforscht. Das Fangen und vorsichtige Handling eines Birkhuhns, um beispielsweise einen Halsbandsender anzulegen und die Tiere dann in der freien Wildbahn zu verfolgen, sind besondere Momente für einen Wildbiologen. Um wissenschaftliche Forschung zur Verhaltensbeobachtung in Moor und Heide zu betreiben braucht es eine Menge Geduld, Sitzfleisch und das Aushalten unzähliger Mückenstiche. Aber die beeindruckenden Anblicke, wie sie nur wenige Menschen in der freien Natur erleben dürfen, machen all die Mühe wett.

Am Beispiel des Birkhuhns wurde mir bewusst, dass die ökologischen Zusammenhänge zwischen Wildtieren, Lebensräumen und Menschen auf unserem Planeten sehr viel komplexer sind, als wir es uns denken. Ein Thema, das mich über drei Jahrzehnte in enger, persönlicher Zusammenarbeit mit Theo Grüntjens verbindet. Er hat mit großem Engagement für den Naturschutz in der Heideregion unglaublich viel für Birkhühner und die Artenvielfalt insgesamt bewegt. Diese Leidenschaft spiegelt sich auch in seinen beeindruckenden Fotos wider. Sie waren der Auslöser zur Idee, unsere gemeinsamen Erlebnisse, Erkenntnisse und Erfahrungen in einem Buch festzuhalten. Ein Projekt, für das wir Cornelia Meutzner gewinnen konnten. Sie teilt unser Herzblut für den Naturschutz, stand uns mit großem Sachverstand zur Seite und hat aus vielen Bausteinen schlussendlich ein Ganzes gemacht.

Das Ergebnis unserer gemeinsamen Arbeit halten Sie nun in den Händen. Mögen die Texte und Bilder Sie nicht nur erfreuen, sondern vielleicht auch zur aktiven Hilfe für die doch so bedrohte Art ermuntern.

Dr. Egbert Strauß im Oktober 2019

INHALT

VON SCHOTTLAND BIS SIBIRIEN

DIE HEIMAT DER BIRKHÜHNER

IM NORDEN ZU HAUSE

Das Verbreitungsgebiet der Birkhühner reicht in der nördlichen Hemisphäre von den schottischen Highlands bis in das östliche Sibirien hinein. Zwischen Skandinavien und Sibirien sind Birkhühner noch weit verbreitet. Der europäische Bestand wird auf 2,5 bis 4 Millionen Vögel geschätzt.

Durch besondere anatomische, physiologische und ethologische Voraussetzungen, kommen Birkhühner in diesen kalten, teils schneereichen Gegenden mit karger Nahrung im Winter gut zurecht. Diese Anpassungsfähigkeiten erlauben es den Tieren auch andere geeignete Lebensräume zu besiedeln. Daher sind Birkhühner auch in den norddeutschen Mooren und Heiden, den Kammlagen der Mittelgebirge und den Höhenlagen der Alpen zu Hause.

Birkhuhn-Verbreitungsgebiete
(verändert nach „BirdLife International and Handbook of the Birds of the World“, 2018)

Die großen Moore Skandinaviens sind typische Lebensräume für Birkhühner. Im Übergang zu den lichten Kiefern-, Lärchen- und Fichtenwäldern finden sie ideale Bedingungen. Hier lässt sich auch die klassische Arenabalz noch häufig beobachten, die manchmal sogar auf den zugefrorenen Seen stattfindet.

LEBENSRAUM UNTER ALPENGIPFELN

In den Alpen ist das Kullern der Birkhähne noch häufig zu hören. Hier besiedelt Birkwild nur einen schmalen Streifen zwischen der Baumgrenze und der Felsregion, wo Latschenkiefern, Alpenrosen, kleinere Sträucher und kräuterreiche Almen vorkommen. Ein Lebensraum, der durch den Klimawandel in Bewegung ist: Die steigenden Temperaturen verändern auch das empfindliche Ökosystem in der Bergwelt. So wird sich die Baumgrenze mitsamt dem Übergangsbereich vom Wald zu den Zwergstrauch- und Latschenkieferbiotopen, zunehmend in höhere Lagen verschieben. Langjährige Balzzählungen in den Schweizer Alpen weisen bereits auf solche Veränderungen hin.

In den touristisch stark frequentierten Gegenden müssen sich Birkhühner ihre Reviere auch mit unzähligen Skifahrern, Wanderern und Kletterern teilen. Damit wir uns weiterhin an den Wildtieren erfreuen können, müssen Touristen auf deren Lebensräume Rücksicht nehmen und Grenzen respektieren.

Birkhühner bevorzugen die vegetationsreicheren Lagen mit reichlich Kräutern, Alpenrose und Latschenkiefer. Die tieferen Felsregionen des Matterhorns bleiben den Alpenschneehühnern, die höheren den Alpinisten überlassen.

EIN AUF UND AB DER BESTÄNDE IM MITTELGEBIRGE

Die Kammlagen und Moore der Mittelgebirge boten Birkhühnern früher sehr gute Lebensbedingungen. Von Natur aus bilden Kiefern und Fichten in diesen Höhen, wo Schnee und Wind den Bäumen stark zusetzt, nur sehr lichte Wälder aus.

In Folge des sauren Regens setzte in den 70er und 80er Jahren ein Baumsterben ein, das zu größeren Kahlflächen führte. Von dieser Naturkatastrophe profitierten die Birkhühner. Es klingt paradox, aber vieles, was den Wäldern schadet, kann Birkhühnern helfen. Sie erweitern ihren Lebensraum auch um Flächen, deren Baumbewuchs durch Brände oder Schädlinge vernichtet wurde. Diese Eigenschaft brachte ihnen bereits in früheren Jahrzehnten den Titel „Katastrophenvögel“ ein.

Eine veränderte Waldbaustrategie ließ im Mittelgebirge sukzessive eine stabilere, strukturreichere Bewaldung aufwachsen. Immer mehr wurden besser angepasste Baumarten gepflanzt oder, wo möglich, auch natürlich verjüngt. Dies hatte zur Folge, dass die temporär offenen und halb offenen Strukturen verloren gingen und es für Birkwild eng wurde. In dichten Wäldern haben Raufußhühner keine Überlebenschancen.

Auf der tschechischen Seite des Erzgebirges und des Bayerischen Waldes sowie im Riesen- und Adlergebirge sind noch größere Birkhuhn-Populationen vorhanden. Aber auch dort kämpfen die Tiere mit ähnlichen Lebensraumveränderungen und somit ums Überleben. Auf deutscher Seite kommen nur noch wenige Tiere vor. Daher wird grenzübergreifend versucht, durch aufwendige Artenschutzprogramme in ausgewählten Bereichen, möglichst optimale Biotopstrukturen für den langfristigen Erhalt von Birkhühnern und anderen Arten herzustellen.

Der Mittelgebirgsraum ist mit seinen Veränderungsprozessen in nur fünf Jahrzehnten ein anschauliches Beispiel für den ständigen Balanceakt zwischen der Wirkung von Zivilisationseinflüssen und dem Schutz der natürlichen Vielfalt von Flora und Fauna.

ZWISCHEN MOOR UND HEIDE

LEBENSRAUM IM DEUTSCHEN NORDEN

MOORE: LEBENSPENDENDE FEUCHTGEBIETE

Alexander von Humboldt verglich Moore mit riesigen Schwämmen. Eine treffende Metapher, denn Moore können bis zu 95 Prozent Wasser aufnehmen und speichern. Auch binden sie große Mengen Kohlendioxid aus der Atmosphäre und spielen dadurch eine äußerst wichtige Rolle für den Klimaschutz.

Grundsätzlich wird zwischen Nieder- und Hochmooren unterschieden. Niedermoore entstehen im Verlandungsbereich von Gewässern. Hochmoore bilden sich auf einem wasserstauenden Untergrund aus, liegen über dem Grundwasserspiegel und werden nur durch Regenwasser gespeist.

Torf ist das, was ein Moor zum Moor macht. Es entsteht, wenn auf dem kaum zersetzten organischen Material von Moosen und anderen feuchtigkeitsliebenden Pflanzen eine stetig neue Vegetationsgeneration aufwachsen kann. Das geht nur langsam voran: Circa einen Millimeter wächst ein Moor pro Jahr. Eine Torfschicht von einem Meter hat also ungefähr eintausend Jahre auf dem moosigen Buckel.

Torfmoos ist der wichtigste Torfbildner.

NIEDERSÄCHSISCHE MOORE: LEBENSRAUM FÜR SELTENE ARTEN

In Niedersachsen finden sich heute mit etwa 235.000 Hektar 73 Prozent der Hochmoorflächen Deutschlands und mit cirka 182.000 Hektar rund 18 Prozent der deutschen Niedermoore. Sie alle sind wertvolle Überbleibsel eines radikalen Eingriffs in die natürliche Gewässerlandschaft, der vor rund 100 Jahren begann. Um Feuchtgebiete in landwirtschaftlich nutzbare Flächen umzuwandeln, wurden Flüsse begradigt und kanalisiert, Moore trockengelegt. Unter den Folgen litten nicht nur die Moore an sich, sondern auch die Tier- und Pflanzenwelt. Ihre Artenvielfalt dezimierte sich extrem und ist nur schwer wiederherzustellen. Vielerorts gelingt es aber, das Rad der Zeit teilweise wieder zurückzudrehen.

Maßnahmen zur Renaturierung von Flüssen und der Wiedervernässung von Mooren verzeichnen beachtliche Erfolge. Als Ergebnis kann man heute Feuchtgebiete mit ruhigen Flussläufen, umsäumt von sumpfigen, mit Mooren durchzogenen Flächen und angrenzenden Feuchtwiesen bestaunen. Auch kehrt in die ehemals trockengelegten Gebiete vielfältiges Leben zurück.

Moore sind nicht ohne Grund zumeist Naturschutzgebiete. Sie stellen einen wichtigen Lebensraum für unzählige seltene Tier- und Pflanzenarten dar.

Das Öffnen des Lichtraumprofils und Entfernen von Stauwehren gibt Gewässern wieder die Möglichkeit, in ihre ursprünglichen, mäanderartigen Strukturen zurückzukehren. Wie hier bei dem renaturierten Flusslauf der Gerdau im Naturschutzgebiet Kienmoor.

HOCHMOORE:
WERTVOLLE RELIKTE DER EISZEIT

Die Hochmoore, auch Regenmoore genannt, entstanden nach der Eiszeit, wenn sich mehr Regenwasser in Talsenken ansammelte als verdunsten konnte. Deshalb kommen Hochmoore generell nur in den kühleren Bereichen auf der Nordhalbkugel vor und nicht im warmen Süden. Dieser Lebensraum ist sehr nährstoffarm und nur für speziell angepasste Pflanzen- und Tierarten attraktiv. In früheren Zeiten kamen Birkhühner hier noch reichlich vor.

Große Hochmoore sind wie ein Uhrglas gewölbt. In ihrer Mitte können sie bis zu drei Meter über ihren Randbereich hochwachsen. Davon leitet sich ihr Name ab. Bulten und Schlenken, gebildet aus Torfmoosen und kleinwüchsigen spezialisierten Pflanzen, kennzeichnen bis heute die verbliebenen, intakten Hochmoore in Deutschland. Der Lagg, wie die Randgebiete bezeichnet werden, ist der Übergang zum mineralischen Untergrund der umgebenden Landschaft, wo nährstoffreiches Wasser aus Gräben und Bächen Zwergsträucher, Moorkiefern und Moorbirken aufwachsen lässt. Dieser Übergangsbereich bot einstmals auch Birkhühnern über das ganze Jahr viel Nahrung und Deckung.

Heute existieren in Norddeutschland nur noch wenige intakte Hochmoore. Mit dem Rückgang der großen, zusammenhängenden Flächen sind die dortigen Birkhuhn-Populationen während der 70er und 80er Jahren ausgestorben.

Die Randbereiche von Mooren sind ideale Lebensräume für Birkhühner.

NIEDERMOORE: ARTENREICHE FEUCHTGEBIETE

Im Gegensatz zu den Hochmooren werden Niedermoore vom nährstoffreichen Grund- und Oberflächenwasser sowie aus Bächen gespeist. Sie entstanden in den Verlandungszonen von Gewässern und sind ein Übergangsstadium zum Hochmoor.
Niedermoore sind sehr artenreich und vielfältig.

Kleinseggen, Wollgräser und verschiedene Krautpflanzen boten einstmals auch Birkhühnern reichhaltige Nahrung und Schutz. Auf dem nassen Untergrund können Fuchs und andere Vierbeiner ihnen nicht folgen. Sie meiden die tückischen Schwingrasen, eine schwimmende Pflanzenschicht aus Moosen, Seggen und Krautpflanzen, die nicht sehr tragfähig ist.

Die umliegenden Niedermoorwiesen wurden in früheren Zeiten einmal im Jahr gemäht. Das Mahdgut diente den Bauern als Einstreu für ihre Tiere. Birkhühner nutzten die freien Wiesenflächen zur Balz und im Sommer als insektenreichen Lebensraum für die Kükenaufzucht.

TORFMOOR: VERHEIZTER LEBENSRAUM

Jahrhundertelang wurde Torf in den Hoch- und Niedermooren gestochen, zum Trocknen gestapelt und schlussendlich dann in den Öfen der Dörfer und Städte verheizt. Bis zum 19. Jahrhundert war der Torfstich zunächst noch mühsame Handarbeit, aber eine wichtige Einnahmequelle.

Großflächige Entwässerungen erleichterten den Torfabbau in den Mooren. Schnell wurden die trockengelegten Areale von Besen- und Glockenheide sowie Heidel- und Rauschbeeren besiedelt, dazu gesellten sich niedrigwachsende Moorkiefern und Birken. Birkhühner konnten sich in dem neu gewonnenen Lebensraum stark ausbreiten und waren in der damaligen Zeit ständiger Begleiter der Torfstecher und Bauern.

Im frühen 20. Jahrhundert hielt der technische Fortschritt Einzug. Große Dampf- und Dieselmaschinen unterstützen die Arbeit und beschleunigten die Ausbeutung der jahrtausendealten Lagerstätten um ein Vielfaches. Im Zuge dessen wurden auch große, mittlerweile abgetorfte Flächen zu Wiesen und Weiden umgewandelt. Eine existenzielle Notwendigkeit für die Menschen dieser Zeit. Mitte des 20. Jahrhunderts begann die industrielle Abtorfung um Säcke mit Garten- und Blumenerde zu füllen. Dabei gingen die meisten norddeutschen Moore endgültig verloren und somit auch die dortigen Lebensräume der Birkhühner.

Die abgestochenen Torfsoden werden in langen Reihen zum Trocknen gestapelt.

In erfolgreich renaturierten Hochmoorflächen wird das Torfmooswachstum nach kurzer Zeit wieder angestoßen.

RENATURIERTE MOORE: LEBENSRAUM AUS ZWEITER HAND

Entwässerte, abgetorfte Hochmoore zu renaturieren, ist eine langwierige und schwierige Aufgabe, die mit der Schließung der Entwässerungsgräben beginnt. Dadurch wird die Speicherung von nährstoffarmem Regenwasser im ausgetrockneten Torfboden ermöglicht und das ursprüngliche Hochmoorwachstum wieder angestoßen. Dies ist allerdings oft ein Wettlauf mit der Zeit: Wenn der Untergrund oder die Gräben nicht dicht verschlossen sind, versickert das kostbare Nass. Problematisch sind auch die durch den Klimawandel vermehrt vorkommenden Jahre mit geringen Niederschlagsmengen.

Trockene Flächen werden sehr schnell von Birken und Kiefern besiedelt und überwuchert. Die sogenannte Sukzession lässt die Landschaft zunehmend verbuschen und nach einigen Jahren dichte Birkenwälder entstehen. Nur mit großen Anstrengungen, ständigen Eingriffen und aufwendiger Pflege gelingt es, ehemalige Moorflächen und den dortigen Lebensraum für seltene Tiere und Pflanzen zu erhalten. Für stabile Birkhuhnpopulationen sind die derzeit verfügbaren Flächen in ihrer Ausdehnung allerdings noch zu klein.

Mit zunehmender Trockenheit des Moorbodens breiten sich Birken und Kiefern stark aus. Die dichten Bestände sind als Lebensraum für Birkhühner nicht geeignet.

URALTE KULTURLANDSCHAFT: NORDDEUTSCHE HEIDE

Als Besucher der Heide wähnt man sich oft inmitten unberührter Natur. Doch genau das Gegenteil ist der Fall: Die norddeutschen Heiden sind menschengemacht.
Ihre Geschichte beginnt mit der Eiszeit. Als die gigantischen Gletscher abschmolzen, hinterließen sie sandige, nährstoffarme Böden, durchzogen von Flussläufen und moorigen Arealen in den Urstromtälern. Vor etwa 6.000 Jahren versuchten die ersten Menschen sesshaft zu werden. Bis Ende des 19. Jahrhunderts war der Landstrich noch extrem dünn besiedelt. Wer hier lebte, existierte unter harten Bedingungen. Zur Gewinnung von Acker- und Weideflächen, aber auch zur Holzgewinnung rodeten die ersten Heidebauern sukzessive große Waldgebiete.

Zurück blieb oft nur der ohnehin nährstoffarme Sandboden, der zusehends weiter verarmte. Dadurch entstanden ideale Bedingungen für Calluna vulgaris, die Besenheide. Diese breitete sich schnell aus und tat gute Dienste. Mit dem getrockneten Reisig der krautigen Pflanzen wurden Dächer gedeckt, Öfen befeuert und die Ställe der Tiere eingestreut. Die mit reichlich Dung angereicherte Einstreu diente wiederum als wertvoller Nährstoff für Feldflächen. Fest gebündelt wurde Heidekraut auch als Besen verwendet. Letzterem verdankt die Besenheide ihren Namen. Der lateinische Name *Calluna* stammt von dem griechischen Wort *kalynein* ab, was sich mit „sauber machen", „reinigen" oder „fegen" übersetzen lässt.

Anfang des 20. Jahrhunderts hielt der Fortschritt auch in der Heideregion Einzug und mit ihm die intensive Land- und Forstwirtschaft. Eine erneute Wandlung der Landschaft begann. Im Zuge dessen wurden Heidegebiete wieder großflächig zu Wäldern aufgeforstet. Mit Hilfe neu entwickelter Dünger und immer effektiverer maschineller Unterstützung, konnten und mussten die Landwirte der Region, auch aus existenziellen Gründen, ihre Ernteerträge auf dem sandigen Boden stark verbessern und ihre Feldflächen immer weiter ausbauen.

Wo vor einhundert Jahren noch die Heide blühte, wachsen nunmehr Wälder und auf den Feldern Getreide, Kartoffeln und Mais.

HEIDE BRAUCHT PFLEGE

Die Heide ist auf die Obhut des Menschen angewiesen. Nur durch die gezielte Bewirtschaftung bleiben die seltenen Flächen erhalten. Vernachlässigt man diese Pflicht, setzt sich in kürzester Zeit ein Mischwald durch. Die regelmäßige Entfernung von Birken und Kiefern ist daher unbedingt notwendig. Auch das Heidekraut selbst braucht Pflege. Denn spätestens nach zwanzig Jahren verholzen die Pflanzen, treiben kaum noch aus und sterben letztendlich ab. Zudem mag die Heide einen kargen, sandigen Boden. Baut sich im Laufe der Jahrzehnte eine zu dicke Humusschicht auf, reagiert die Heide mit Rückzug.

Zur Heidepflege gibt es verschiedene Methoden. „Abplaggen“ ist die tiefgründigste Bearbeitung des Heidebodens. Plaggen ist dann wichtig, wenn sich eine Humusschicht aufgebaut hat oder die Heide stark mit Gräsern durchsetzt ist. Auf geplaggten Flächen wird sozusagen alles auf Sand gesetzt, um eine neue Heidekultur entstehen zu lassen. Beim sogenannten „Schoppern“ wird der Boden nur leicht an der Oberfläche abgetragen. Die Besenheide regeneriert sich dadurch. Auch das Mähen von Heideflächen dient der kurzfristigen Verjüngung der Pflanzen sowie der Gewinnung von Samen zur Kultivierung neuer Heideflächen.

Die Lieblingsgärtner sind aber Heidschnucken. Sie knabbern die Heidepflanzen oberflächlich ab und lassen so junge Triebe entstehen. Gerade in Flächen mit Wacholderbestand, sind die schwarz-weißen Vierbeiner existenziell wichtig.

WIE PHÖNIX AUS DER ASCHE

Nur wenigen ist bekannt, dass auch Feuer ein mögliches Mittel zur Regeneration von Heidearealen ist. Allerdings gilt das nur für große Flächen ohne Wacholderbestand. Denn für die uralten Büsche bedeutet jegliches Feuer ein tödliches Inferno.

Es braucht viel Erfahrung, um das feindliche Element Feuer zielführend einzusetzen. Die Witterung spielt dabei eine entscheidende Rolle: Nur in den ersten Wochen eines neuen Jahres, wenn Temperatur und Luftfeuchtigkeit in einem optimalen, genau definierten Bereich liegen, läuft der Brand langsam und lässt sich gut kontrollieren. Er frisst überalterte Heidepflanzen und die Humusschicht, verschont aber Insekten, die im Boden eingegraben überwintern. So stellt das Winterfeuer auch keine Gefahr für geflügelte und vierbeinige Bewohner dar. Sie haben genug Zeit, sich in unberührte Areale zurückzuziehen.

Wichtig ist, Gebiete alter Heide und frisch gebrannte Bereiche so zu strukturieren, dass wertvolle Brutgebiete für Vögel erhalten bleiben. Kurz gesagt: Der Heidebrand gehört in Expertenhand.

Durch Feuer regenerierte Heidepflanzen treiben bereits im Sommer wieder kräftig aus.

ARTENSCHUTZ UNTER KANONENDONNER

Es kracht gewaltig, wenn auf Truppenübungsplätzen und Testgeländen geschossen wird. Was Touristen im ersten Moment erschreckt, ist für Mensch und Tier in den Gebieten längst zur Gewohnheit geworden. Kaum zu glauben, aber wahr: Besonders für die Fauna verheißt das große Knallen Schutz und Sicherheit. Denn nur wenige Menschen dürfen diese Areale betreten. Ein guter Grund für seltene Tiere sich gerade hier, fern von der Zivilisation, anzusiedeln.

Zur Durchführung militärischer Übungen werden regelmäßig aufwachsende Gehölze entfernt und alte Heideflächen gebrannt. Mit dem nützlichen Nebeneffekt, dass dadurch auch der Lebensraum für Birkhühner auf großer Fläche offen und vital gehalten wird. Ohne diese Nutzung wären diese riesigen Gebiete mit der Zeit verbuscht und das Birkhuhn verschwunden. Wenn der Trubel zu groß wird, können sich die Tiere in die umliegenden unberührten Moor- und Heideflächen zurückziehen, die innerhalb des militärischen Sperrgebietes liegen.

Ein Vorreiter für Arten- und Biotopschutz ist die Firma Rheinmetall, die auf ihrem Testgelände in der norddeutschen Heide seit Jahrzehnten beweist, dass aktiver Naturschutz nicht im Widerspruch zu industrieller Nutzung stehen muss. Die nachhaltige Landschaftsgestaltung auf rund 60 Quadratkilometern unterstützt besonders bedrohte Arten durch die individuelle Pflege von Biotopen und großflächige Renaturierungsmaßnahmen. Auch auf den drei großen Truppenübungsplätzen Bergen, Munster Nord und Munster Süd ist die Offenhaltung der riesigen Heideflächen der Garant für das Überleben der Birkhühner in Norddeutschland. Etwa drei Viertel der norddeutschen Birkhuhnpopulation lebt derzeit in militärischen Sperrgebieten.

Militärische und industrielle Nutzung muss nicht im Widerspruch zu Natur- und Artenschutz stehen.

NATURSCHUTZGEBIET UND TOURISMUSMAGNET

Eines der größten Heidegebiete Europas liegt im Dreieck zwischen Schneverdingen, Bispingen und dem Örtchen Undeloh rund um den Wilseder Berg. Mit 169 Metern über Null ist dieser nur ein „Bergchen", aber im norddeutschen Flachland sticht er heraus. Die Wanderwege zu seinem Gipfel führen durch Abschnitte mit teils uralten Buchen, Eichen und Wacholdern vorbei an Wasserläufen und geben immer wieder den Blick auf die weite Heidelandschaft frei.

Das Naturschutzgebiet Lüneburger Heide ist eines der ältesten Schutzgebiete Deutschlands. Bereits 1921 wurde das rund 230 Quadratkilometer große Gebiet unter Naturschutz gestellt. Es ist zu jeder Zeit öffentlich zugänglich, aber ganzjährig für den Autoverkehr gesperrt. Vor allem zur Heideblüte wimmelt es hier von Touristen, die zu Fuß oder auf Pferdekutschen die Landschaft genießen.

In mehr als 100 Jahren intensiver Landschaftspflege wird die Kulturlandschaft Heide auf rund 5.500 Hektar durch die VNP Stiftung Naturschutzpark Lüneburger Heide mit großem Aufwand erhalten und entwickelt. Das große Gebiet mit Sandheiden, Magerrasen, extensiv genutztem Grünland, eingestreuten Mooren und ausgedehnten Wacholderheiden, ist für Birkhühner seit Jahrzehnten eines der letzten Refugien in Norddeutschland. In guten Zeiten konnten im Naturschutzgebiet Lüneburger Heide bis zu 80 Birkhühner gezählt werden, in den letzten Jahren sank der Bestand allerdings auf weniger als 40 Tiere ab. Eine sehr kritische Entwicklung.

Mit den Touristen haben sich die Birkhühner gut arrangiert. Zu den Hauptwanderzeiten weichen sie meist auf ungestörte Heideflächen aus. Daher sind Gebiete abseits der ausgeschilderten Wanderwege für Menschen Tabu. Ein Arrangement, was ein gedeihliches Nebeneinander von Naherholung und Artenschutz ermöglicht.

UNTERWEGS AUF RAUHEN FÜßEN

SYSTEMATIK UND MORPHOLOGIE

RAUBEIN VERSUS GLATTFUß

Das Birkhuhn mit dem lateinischen Namen *Tetrao tetrix* oder *Lyrurus tetrix* (Linnaeus, 1758) gehört in der Ordnung der Hühnervögel *(Galliformes)* zur Familie der Fasanenartigen *(Phasianidae)*. Unterfamilien der Fasanenartigen sind unter anderem Raufußhühner *(Tetraoninae)* und Glattfußhühner *(Phasianinae)*.

Befiederte „raue“ Läufe und zu Hornplättchen umgewandelte Federn an den Zehen, die sogenannten Zehenstifte, sind Anpassung an die kalten schneereichen Lebensräume und gaben den Raufußhühnern ihren Namen. Insgesamt 18 Raufußhühnerarten leben auf der nördlichen Hemisphäre. Dem gegenüber stehen die Glattfußhühner, deren Namensgeber „glatte“, also unbefiederte Läufe sind. Sie leben in den wärmeren Klimazonen rund um den Globus, sodass sich im Laufe der Evolution mit 214 Arten eine sehr vielfältige Gruppe entwickelte. Hierzu zählt unser Haushuhn, der schillernde Pfau oder die in unseren Breiten vorkommenden Arten Wachtel, Rebhuhn und Fasan.

Glattfußhühner wie Rebhühner haben unbefiederte Beine.

VERWANDTSCHAFTEN

Zu den mitteleuropäischen Raufußhühnern zählen neben dem Birkhuhn das bekanntere Auerhuhn sowie Haselhuhn und Alpenschneehuhn. In Schottland, Skandinavien und Russland kommen weitere Arten von Moorschneehühnern vor.

Ein Birkhahn wiegt circa 1,3 Kilogramm, die Birkhenne etwa 0,9 Kilogramm. Damit sind sie die Mittelgewichte unter den Raufußhühnern. Das Schwergewicht ist mit 4 bis 5 Kilogramm eindeutig der Auerhahn, als Leichtgewicht bringt ein Haselhuhn nur 0,3 bis 0,5 Kilogramm auf die Waage.

Der Lebensraum von Raufußhühnern mit sehr kalten, teils schneereichen Wintern und karger Nahrung, verlangen besondere anatomische, physiologische und ethologische Anpassungen.

Die Zehenstifte an den Füßen geben Halt auf Eis und lassen die Hühner wie mit Schneeschuhen über die weiße Winterpracht laufen. So können sie gut an die Zweige und Nadeln tieferhängender Äste gelangen. Ab Schneehöhen von mehr als 30 Zentimetern graben sich Birkhühner bis zu 50 Zentimeter lange Schneehöhlen, in denen sie bei Temperaturen um den Gefrierpunkt energiesparend auch sehr eisige und stürmische Wintertage überstehen können.

HERREN IM PRACHTGEWAND, DAMEN IM TARNKLEID

Die Weibchen vieler Vogelarten wählen bevorzugt die auffälligsten und kräftigsten Männchen zu Paarung. Dadurch sollen die besten Erbanlagen für den Nachwuchs gesichert werden. Dieses Auswahlprinzip führte im Laufe der Evolution zu den teils außergewöhnlichen, farbenprächtigen Federkleidern von Vogelmännchen. Sehr ausgeprägt ist dies bei Birkhühnern, aber beispielsweise auch bei Fasanen oder Paradiesvögeln. Dem gegenüber sind die Hennen sehr unauffällig gezeichnet und farblich gut an die jeweilige Umgebung angepasst.

Diesen starken optischen Unterschied bezeichnet man als Sexualdimorphismus. Er tritt in der Regel bei jenen Vogelarten auf, bei denen nur die Weibchen für die Brut und Kükenaufzucht zuständig sind. Bei Vogelarten wie zum Beispiel Rebhühnern, bei denen sich beide Partner an der Brut- und Jungenaufzucht beteiligen, haben auch beide Geschlechter ein gut getarntes und unauffälliges Gefieder.

Federn der Birkhenne (Zeichnungen von Dr. Franz Müller):

1 Handschwinge
2 Armschwinge
3 Schulterfedern
4 Mittlere Schwanzfeder
5 Äußere Schwanzfeder
6 Große obere Armdecke
7 Oberschwanzdecke
8 Unterschwanzdecke
9 Halsfeder
10 Flankenfeder
11 Rückenfeder
12 Brustfeder

FEDERKLEID MIT TARNEFFEKT

Das braune Gefieder der Hennen wird durch ein schwarzbraunes Streifenmuster unterbrochen, das die Konturen der Tiere in ihrer natürlichen Umgebung auflöst. Ein wichtiger Schutz auch für die Brut, denn mit einem auffälligen Federkleid wären Henne, Gelege und Küken von Fressfeinden sehr schnell zu entdecken. Für das Bebrüten eines Geleges und das Führen von Küken ist diese Tarnfärbung überlebenswichtig.

Federn des Birkhahns (Zeichnungen von Dr. Franz Müller):
1 Äußere Schwanzfeder
2 Armschwinge
3 Schulterfedern
4 Mittlere obere Armdecke
5 Große obere Armdecke
6 Unterschwanzdecke
7 Mittlere Schwanzfeder
8 Flankenfeder
9 Rückenfeder
10 Brustfeder
11 Halsfeder
12 Bauchfeder
13 Oberschwanzdecke
14 Handschwinge

FEDERKLEID MIT GLANZEFFEKT

Besonders auffällig ist die Gestalt der Birkhähne in der Balzzeit. Die roten Rosen, eine warzenartige federlose Hautpartie über den Augen, schwellen zur Balzzeit stark an und kennzeichnen die kräftigen Hähne. Ein weiteres Charakteristikum der Birkhühner sind die sichelförmig gebogenen äußeren Steuerfedern am Stoß, die beim Balztanz radförmig aufgestellt werden. Darunter bilden die weißen Unterschwanzfedern einen starken Kontrast. Das schwarze Rumpfgefieder schillert durch besondere lichtbrechende Strukturen der Federn metallisch violett, was für die Hennen besonders attraktiv ist.

WILDLEBENDE HÜHNERVÖGEL

DIE VERWANDTEN DES BIRKHUHNS

REBHUHN *(PERDIX PERDIX)*

Vor gar nicht langer Zeit war das Rebhuhn der Charaktervogel der mitteleuropäischen Agrarlandschaft. Die damalige kleinstrukturierte bäuerliche Landwirtschaft bewirtschafte Äcker von überschaubarer Größe. Deren Ränder waren von Büschen umsäumt. An den Wegen blühte eine Fülle von Wildkräutern. Hier fanden Rebhühner ideale Lebensbedingungen und waren in großer Zahl allgegenwärtig. In der heutigen, intensiv genutzten Feldflur sind sie dagegen nur noch selten zu beobachten. Einige europäische Länder verzeichnen Bestandsrückgänge von über 90 Prozent innerhalb der letzten 40 Jahre.

Die ungefähr taubengroßen Rebhühner sind mit einem Gewicht von 300 bis 450 Gramm deutlich kleiner als Birkhühner. Aber wie Birkhennen sind sie Meister der Tarnung. Gegen ihre Feinde wie Füchse und Greifvögel verlassen sie sich bei Gefahr auf ihr braun-graues Gefieder. Dicht auf den Boden gedrückt, sind sie auf einem Acker nahezu unsichtbar und nur schwer von der Umgebung zu unterscheiden. Obwohl Rebhühner recht gut fliegen können, erheben sie sich nicht hoch in die Luft, sondern gleiten meist extrem niedrig über die Flur. Anders als Birkhühner leben Rebhühner monogam, das heißt, Hahn und Henne verpaaren sich im Frühjahr und bleiben sich bis zum Winter hin treu. Auch besitzt der Hahn kein auffälliges Prachtgefieder, sondern ist gut getarnt und von der Henne kaum zu unterscheiden. Ein sichtbares Zeichen dafür, dass Rebhühner sich gemeinsam um ihren Nachwuchs kümmern.

Das Bebrüten der 10 bis 16 Eier übernimmt die Henne allein. Allerdings hält ihr Partner in der Nähe Wache. Sind die Küken geschlüpft, werden sie von beiden Elternteilen geführt.

Während sich erwachsene Rebhühner vornehmlich von Körnern, Sämereien, Krautpflanzen, Gräsern und Beeren ernähren, sind Rebhuhnküken wie auch Birkhuhn- und Fasanenküken in den ersten zwei bis drei Lebenswochen zwingend auf tierisches Eiweiß angewiesen. Das Fehlen von Insekten ist daher ein zusätzlicher Grund für die starken Rückgänge der Rebhuhnpopulation. In den letzten Jahren versuchen Landwirte, Jäger und Naturschützer durch die gezielte Anlage von Blühstreifen und Brachflächen den Wildtieren punktuell wieder Deckungs- und Nahrungshabitate zu schaffen. Wichtige Initiativen, die aber nur durch einen großflächigen Ansatz langfristig erfolgreich sein können.

FASAN (*PHASIANUS COLCHICUS*)

Als beliebter Ziervogel und kulinarische Köstlichkeit gelangte der Fasan zu Zeiten der Römer von seinen ursprünglichen Gebieten aus Asien nach Süd- und Mitteleuropa. Zucht, Haltung und Jagd waren zwar bis zum 17. Jahrhundert nur den königlichen und herzoglichen Höfen vorbehalten, durch Aussetzungen konnten sich Fasane jedoch bis in die Neuzeit weiter in Mitteleuropa verbreiten, fanden sie doch in der damaligen Kulturlandschaft beste Lebensbedingungen vor. Der heute in der Wildbahn vorkommende „Jagdfasan" ist eine Kreuzung aus verschiedenen Unterarten, ausgehend von dem ursprünglich eingeführten Kaukasus- oder Kupferfasan.

Fasane leben wie Birkhühner polygam. Zur Balzzeit versucht ein Fasanenhahn möglichst viele Hennen um sich zu scharen und zu befruchten. Früher konnte so ein „Harem" bis zu 16 Hennen umfassen. Aufgrund verringerter Bestände muss sich der farbenprächtige Gockel heutzutage mit deutlich weniger „Haremsdamen" begnügen.
Fasanenhennen sind ähnlich wie Birkhennen unscheinbar bräunlich gefärbt. Auch sie sorgen allein für das Gelege und die Aufzucht der Brut.

Wie Birkhühner bleiben Fasane ihrem Standort auch während kälterer Jahreszeiten treu. Ihr Lebensraum sind strukturreiche Halboffenlandschaften, wo Gehölze und Hecken ausreichend Deckung und ein ganzjähriges Nahrungsangebot bieten. Diese finden sie jedoch immer seltener. Wie Rebhühner gehören auch Fasane zu den Feldhühnern. Beide sind von einem starken Bestandsrückgang betroffen. Durch die Schaffung naturnaher Lebensräume, eine intensive Bejagung der Feinde (Prädatoren) und durch Auswilderungen von sorgsam gezüchteten Fasanen wird versucht, die Bestände zu stützen.

Durch die Färbung ihres Gefieders sind Fasanenhennen gut an die Umgebung angepasst. Wie Birkhennen sorgen sie allein für Brut und Aufzucht der Jungen.

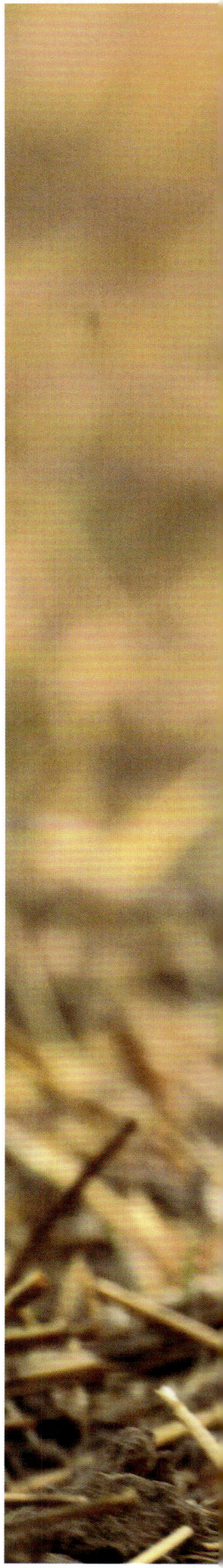

HASELHUHN *(BONASA BONASIA)*

Haselhühner sind die „Leichtgewichte“ unter den Raufußhühnern und leben in natürlichen, strukturreichen Laub- und Mischwäldern sehr heimlich. Hahn und Henne sind nur circa 450 Gramm schwer und in ihrem Aussehen kaum voneinander zu unterscheiden. Das grau bis rotbraune Gefieder mit weißer und schwarzer Musterung lässt sie in ihren Lebensräumen nahezu unsichtbar werden.

Die Hähne besetzen und verteidigen ihr Territorium und versuchen mit hohen Pfeiftönen eine Henne anzulocken. Wie Rebhühner sind Haselhühner zumindest für eine Saison monogam, das heißt, sie leben in einer sogenannten Einehe. Ihr Gelege mit 5 bis 15 Eiern wird von der Henne sehr versteckt in einer Nestmulde am Boden angelegt und von ihr allein bebrütet. Haselhuhnküken sind Nestflüchter und benötigen in den ersten 14 Tagen ausschließlich das Eiweiß von Insekten für ihr Wachstum.

Das Verbreitungsgebiet von Haselhühnern erstreckt sich von Skandinavien bis weit nach Sibirien und in die asiatische Taiga hinein, wo sie noch sehr häufig zu finden sind. Für den europäischen Teil werden Bestände von zwei bis drei Millionen Brutpaare geschätzt. In Deutschland gibt es nur noch Restvorkommen im Bayerischen Wald und am Alpenrand. Das Haselhuhn gilt hierzulande als akut vom Aussterben bedroht.

ALPENSCHNEEHUHN *(LAGOPUS MUTA)*

Wanderer in den Hochalpen haben gelegentlich das Glück, die scheuen Schneehühner zu sehen. Oberhalb der Baumgrenze ab etwa 1.700 Meter sind die wandelbarsten Vertreter der Raufußhühner in Felsregionen mit eingestreuten Zwergstrauchheiden, trockenem Gebirgsrasen und Almwiesen zu Hause. Während der kalten Jahreszeit hält sich das Alpenschneehuhn vor allem an exponierten Hängen auf, die früh im Jahr abtauen.

Mit 400 bis 550 Gramm bringen Alpenschneehühner nur geringfügig mehr Gewicht als Haselhühner auf die Waage. Sie haben die Fähigkeit, ihr Gefieder saisonal perfekt an ihre Umgebung anzupassen. Alpenschneehühner mausern dreimal im Jahr und reagieren damit auf die veränderte Farbenwelt ihres alpinen Lebensraumes, mit dem sie zu jeder Jahreszeit optisch regelrecht verschmelzen. Im Winter ist ihr Gefieder schneeweiß mit Ausnahme einiger schwarzer Schwanzfedern beim Hahn. Nach der Frühjahrsmauser sind Kopf, Hals, Brust und Rücken graubraun gesprenkelt. Zum Herbst hin verschwinden bis auf die Handschwingen die weißen Federn, sodass Hahn und Henne sich kaum voneinander unterscheiden und insgesamt ein graubraunes Gesamtbild haben.

Wanderer können die Meister der Verwandlung nur dann entdecken, wenn sie den Tieren zu nahe kommen und diese vor ihnen davonfliegen. Alpenschneehühner kommen in den alpinen Regionen und zirkumpolar – also von Skandinavien über Sibirien bis Nordamerika - auf der Nordhalbkugel vor.

AUERHUHN *(TETRAO UROGALLUS)*

Auerhühner sind die größten Vertreter der Raufußhühner-Familie. Die Hähne haben ein prachtvolles Gefieder und erreichen aufgerichtet eine stattliche Kopfhöhe von einem Meter. Trotz ihres Gewichts von vier bis fünf Kilogramm sind ausgewachsene Auerhähne noch sehr gut flugfähig. Durch das machtvolle Erscheinungsbild kommt es immer mal wieder vor, dass ein Mensch von einem balztollen Auerhahn in die Flucht geschlagen wird. Auerhennen bringen dagegen nur 2,5 Kilogramm auf die Waage. Analog zu Birkhennen ist ihr Gefieder eher unscheinbar und sehr gut an die Umgebung angepasst. Auch können sie sich bei Brut und Nachwuchspflege nicht auf männliche Unterstützung verlassen.

Die Auerhahnbalz reicht von März bis Juni und ist eine besondere Attraktion. In den frühen Morgenstunden beginnt der Hahn sich auf einem aussichtsreichen starkastigen Balzbaum zu präsentieren. Zusätzlich zu dem gefächerten, aufgerichtetem Schwanzgefieder und hochgerecktem Kopf lässt er auch seinen auffälligen Gesang hören. Erscheinen die ersten Hennen, verlegt der Auerhahn seine Balz auf den Boden, um den Objekten seines Bemühens auf Augenhöhe zu begegnen.

Auerhühner sind wie Birkhühner an kalte Lebensräume angepasst und können sich im Winter ausschließlich von Nadeln, Baumknospen und Zwergstrauchtrieben ernähren. Lichte Wälder mit einer reichhaltigen Zwergstrauchgesellschaft aus Heidelbeeren sind ihre bevorzugten Lebensräume. Ihr Vorkommen reicht von Skandinavien bis weit in den Osten Sibiriens hinein. In den Alpenländern sind die imposanten Vögel bis zur Baumgrenze in etwa 1.600 Meter Höhe noch weit verbreitet, allerdings nur noch in geringen Populationsdichten. Im Teil der deutschen Alpen gelten sie als vom Aussterben bedroht. Früher kamen Auerhühner auch häufig in den Hochlagen der deutschen Mittelgebirge (wie beispielsweise Harz, Sauerland, Schwarzwald, Bayerischer Wald und Thüringer Wald) vor, heute sind sie aufgrund der intensiven Forstwirtschaft auch dort ausgestorben oder nur noch in geringen Beständen vorhanden. Im Schwarzwald, Fichtelgebirge, Thüringer Wald und in Brandenburg wird versucht, durch besonderen Biotopschutz und teils auch durch Auswilderungen Auerhühner zu erhalten.

IM WANDEL DER JAHRESZEITEN

NAHRUNGSSPEKTRUM

EIN BLINDDARM MIT CHARME

Birkhühner kommen von Natur aus sehr gut mit dem wechselnden Nahrungsangebot der Jahreszeiten zurecht. Eigentlich sind sie reine Pflanzenfresser – nur zur Aufzucht der Küken wird tierisches Eiweiß von Insekten benötigt. Wie alle Hühnerarten nehmen auch Birkhühner ab und an kleine Steinchen auf, die in ihrem Magen zur besseren Zerkleinerung der Nahrung dienen.

Um die in ihren typischen Lebensräumen vorkommende Vegetation ganzjährig zu nutzen, hilft den Birkhühnern ein Organ, das bei Alles- und Fleischfressern eine eher untergeordnete Rolle spielt: der Blinddarm. Der sogenannte Wurmfortsatz des Darms galt auch bei Menschen lange als evolutionäres Artefakt. Laut neueren Erkenntnissen wird ihm aber eine Bedeutung für das Immunsystem zugeschrieben.

Für Pflanzenfresser die ihre Nahrung nicht durch Wiederkäuen aufbereiten, spielt der Blinddarm eine ausgesprochen wichtige Rolle. Birkhühner haben gleich zwei davon. Paarig angeordnet sind sie mit nützlichen Mikroorganismen gefüllt, die schwerverdauliche Zellulose aus Kiefernnadeln, Winterknospen oder Birkenkätzchen aufspalten und verstoffwechseln können.

Diese sackartigen Organe besitzen auch die erstaunliche Fähigkeit, ihre Kapazität dem saisonalen Nahrungsangebot anzupassen. In den wärmeren Jahreszeiten mit leicht verdaulicher Kost beträgt ihre Länge circa 60 Zentimeter, während der kälteren Monate mit rohfaserreicher Nahrung expandieren sie auf bis zu 120 Zentimeter.

Von den Kiefernnadeln können sich die Birkhühner im Winter sehr gut ernähren. Im Frühjahr ergänzen die männlichen Blütenzapfen mit den Pollen das Nahrungsspektrum.

MIT ENERGIE IN DEN FRÜHLING

Mit Beginn des Vegetationswachstums im Frühling steht vor allem energiereiche proteinhaltige Kost auf dem Speiseplan, die jetzt auch dringend gebraucht wird. Denn in dieser Zeit ist der Hahn durch die Balz körperlich gefordert und der Stoffwechsel der Henne läuft für die Eiproduktion auf Hochtouren.

Die Vorliebe für frische Triebe und Blütenstände von Birken tragen die Hühner im Namen. Viel nahrhaftes Eiweiß enthalten auch Blätter und Blüten der Moor- und Heidepflanzen. Zur abwechslungsreichen Nahrung gehören zudem Kräuter und Blütenstände von Sauergräsern wie dem Wollgras, das in dieser Zeit an und in den moorigen Flächen massenhaft blüht.

In den Birkenkätzchen reifen die protein- und zuckerreichen Birkenpollen. Im Frühjahr sind sie für die Birkhühner eine energiereiche Nahrung.

Hinterlassenschaften am nächtlichen Ruheplatz: Alle 20 Minuten wird Kot abgegeben. Außerdem erfolgt morgens einmal eine Teilentleerung des Blinddarms.

EIWEIß FÜR DIE KÜKEN

Die zwischen Mai und Juni schlüpfenden Küken haben in ihren ersten Lebenswochen ein anderes Nahrungsspektrum als ihre Eltern: Sie brauchen tierisches Eiweiß, das durch Insekten aller Art abgedeckt wird.

Die dramatische Dimension, die der Insektenschwund in unserer Agrarlandschaft angenommen hat, lässt auch die Naturschutzgebiete nicht unberührt. Selbst dort, wo keine Insektizide gespritzt werden, finden Brutvögel ein mittlerweile stark reduziertes Nahrungsangebot für ihre Jungen. In welchem Maße die Birkhuhnküken in der Lüneburger Heide betroffen sind, ist wissenschaftlich noch zu untersuchen.

KÜKENFUTTER UND GEFIEDERPFLEGER

Ameisen sind faszinierende Wesen. Sie spielen eine große Rolle im Ökosystem, oft auch als unfreiwillige Helfer vieler Tiere.

Für die Küken von Birkhühnern stellen die Erdnester von Wegameisen eine nahezu unerschöpfliche Quelle eiweißreicher Nahrung dar. Die kleinen Krabbeltiere lassen sich aber auch zur Gefiederpflege rekrutieren. Genauso wie das Sandbaden hilft das sogenannte „Einemsen“ vielen Vögeln, lästige Parasiten loszuwerden. Sie nutzen dabei die Verteidigungsstrategie der emsigen Insekten, deren Ameisensäure den juckenden Milben im Vogelgefieder den Garaus macht.

Die etwa fünf Millimeter kleinen Wegameisen tragen an sonnigen Tage ihre Puppen gern an die oberen Schichten ihrer Nester oder unter wärmende Steine. Ein gefundenes Fressen für Birkhuhnküken.

ÜPPIGES NAHRUNGSANGEBOT IM SOMMER

Die Sommermonate mit all ihrer üppigen Pflanzenpracht bieten ausreichend Nahrung für junge und alte Birkhühner in ihren Biotopen. Blätter, Blüten und Samen von Heidepflanzen und Gräsern gibt es nun in Hülle und Fülle. Auch Wildäcker und andere krautreiche Felder werden in dieser Zeit gern aufgesucht. Meist aber bleibt Birkwild standorttreu in seinem reichstrukturierten Habitat von Moor- und Heidebereichen.

Triebe und Blätter der Besenheide nehmen jetzt den größten Anteil im Nahrungsspektrum ein. Ab August laben sich Birkhühner auch ausgiebig an den Blüten der Pflanzen, die den Lebensraum nun für kurze Zeit in ein lila Farbenmeer verwandeln. Manchmal werden auch noch rohfaserreiche Kiefernnadeln abgezwackt. Es wird vermutet, dass sie für die Verdauung wichtige Inhaltsstoffe enthalten.

KALORIENREICHE FRÜCHTE DES HERBSTES

Während die Besenheide Mitte September langsam verblüht, sind nunmehr Heidel-, Preisel- und Krähenbeeren sowie die auf dem Torfmoospolster kriechenden Moosbeeren ausgereift.

Für Birkhühner eine zuckerreiche, kalorienreiche Basis, um Reserven für die langen Wintermonate anzulegen. Am breiigen, dunklen und mit den Samen der Beeren durchsetztem Kot, ist die präferierte Nahrung des Herbstes gut zu erkennen.

Im Winter sind Birkhühner häufig in Gruppen unterwegs und erkunden ihren Lebensraum nach geeigneten Nahrungsplätzen. In dieser Zeit sind sie auch des Öfteren auf Bäumen zu beobachten, wo sie die Nadeln von Kiefern und Fichten abpicken.

ROHFASERREICHE WINTERNAHRUNG

Für die meisten Wildtiere ist der Winter eine entbehrungsreiche Zeit. Schnee, Frost, Nässe, Kälte und fehlende Nahrung machen ihnen zu schaffen. Birkhühner sind jedoch bestens auf das Überleben bei Eis und Schnee eingestellt. Mit Einbruch der ersten Frostnächte beginnt die Umstellung von leicht verdaulicher, protein- und zuckerreicher Nahrung zu der rohfaserreichen Winternahrung. Dank der verlängerten Blinddärme können sie sich von der schwer verdaulichen Kost aus Kiefern- und Fichtennadeln, Winterknospen sowie Zweigspitzen der Besenheide und Heidelbeere gut ernähren.

Im Gegensatz zu den alpinen und skandinavischen Lebensräumen, wo harsche Witterung und kurze Tage den Vögeln stark zusetzen, verlieren Birkhühner in der Lüneburger Heide nicht an Gewicht. In den letzten Jahrzehnten sind in Norddeutschland höhere Schneelagen selten geworden, sodass auch in den Wintermonaten reichlich Nahrung zur Verfügung steht. Da die hiesigen Birkhuhnvorkommen trotz der vielen Schutzbemühungen zurückgehen, mutmaßen Ökologen auch, dass es den Vögeln in den norddeutschen Wintern mittlerweile vielleicht viel zu warm wird.

Selbst die kargen Zweige der winterlichen Besenheide können Birkhühner mit ihren langen Blinddärmen noch aufschließen.

SCHWARZE RITTER UND WÄHLERISCHE DAMEN:

DAS BALZRITUAL DER BIRKHÜHNER

MYSTISCHE KLÄNGE ÜBER DER LANDSCHAFT

Während sich der Winter langsam verabschiedet, lässt ein uralter Instinkt die Birkhähne zur Hochform auflaufen. Vor Sonnenaufgang, lange bevor man sie zu Gesicht bekommt, proben die Hähne bereits vorsichtig ihre Stimmen. Man könnte meinen, dass sich hier mystische Wesen zu einem Stelldichein versammelt haben. Zu ungewöhnlich sind die Klänge, die das Erwachen der nebelverhangenen, oft noch mit Raureif verzierten Landschaft untermalen.

In der Lüneburger Heide gelten die Monate von März bis Anfang Mai als Hauptbalzzeit für Birkwild. In den Alpen und in Skandinavien beginnt die Balz etwas später und reicht bis in den Juni hinein.

SCHWARZE RITTER MIT ROTEN ROSEN

Im ersten Tageslicht wird schnell klar, warum Birkhähne oft auch als „Schwarze Ritter" bezeichnet werden. Ihr normalerweise eng anliegendes, schwarzes Schwanzgefieder ist nun weit aufgestellt und offenbart eine überraschende Fülle weißer Federn im Unterkleid. An ihren Köpfen prangen leuchtend rote Rosen, erzeugt durch stark angeschwollene, warzenartige Hautstreifen über den Augen.

So prachtvoll geschmückt ziehen die Vögel in die ritualisierten Balzkämpfe, die an mittelalterliche Turniere erinnern. Ganz nach Rittermanier verfolgen sie das Ziel, sich gegen Konkurrenten durchzusetzen und die Gunst der Damenwelt zu gewinnen. Dabei lassen sie nicht nur ihre Erscheinung für sich sprechen: Durch gekonnte, kraftvolle Flattersprünge beweisen balzende Hähne auch ihre Fitness und Mannesstärke.

Je höher desto eindrucksvoller: Der typische Flattersprung gehört zum Ritualverhalten von Birkhähnen während der Balz. Mehrfach in den Morgenstunden wird dieser Tanz über Wochen aufgeführt. (Zeichnung: Dr. Franz Müller)

DIE RITTERSPIELE DER BIRKHÄHNE

Die Männchen der meisten Vogelarten werben einzeln und gleichmäßig verteilt in ihrem Lebensraum um Partnerinnen. Allseits bekannte Vertreter sind Amseln, Meisen, Rotkehlchen oder Finken, an deren Frühlingsgesängen wir uns gerne erfreuen. Doch bringen die wunderbaren Klänge keinesfalls nur die Freude über das Erwachen der Natur zum Ausdruck. Vielmehr dient das Gezwitscher dazu, Weibchen anzulocken, Reviergrenzen zu markieren und Konkurrenten auf Distanz zu halten. Gelingt das durch lautstarke Sangesstrophen nicht, vertreiben die vermeintlich friedlichen Vögel ihre Nebenbuhler auch notfalls durch vehemente Luft- und Nahkämpfe.

Birkwild bildet mit der sogenannten „Arenabalz“ eine Ausnahme im Vogelreich. Wie viele Säugetiere kämpfen die Birkhähne direkt gegeneinander, um mit Manneskraft zu überzeugen. Dazu finden sich die Hähne gemeinsam auf geeigneten Plätzen ein, die inmitten niedriger Vegetation und freier, weiter Sicht liegen.

Das können im Gebirge Almen auf Bergkuppen oder flachen Hängen, im Tiefland Wiesen oder offene Moor- und Heideflächen sein. Wichtig sind immer gute Deckungs- und Rückzugsmöglichkeiten im Umfeld. An solchen traditionellen Balzplätzen halten die Hähne sehr lange fest, auch wenn sich der Lebensraum über die Zeit stetig verschlechtert und sich dadurch die Zahl der Kampfgefährten verringert hat.

Die Arenabalz folgt klassischen Ritualen. Dabei können schon mal Federn fliegen. Aber meist bleiben die Kontrahenten unverletzt.

EIN SCHAUSPIEL MIT SELTENHEITSWERT

In großen und stabilen Populationen, wie es sie früher auch in den norddeutschen Mooren und Heiden gab, besetzten mehrere ältere, dominante und kräftigere Hähne das Zentrum der Balzarena. Am Rande versuchen die Jüngeren und Schwächeren ihr Glück.

Jeder Hahn nutzt eine kleine Fläche auf dem Platz und versucht sich dort möglichst wirkungsvoll zur Schau zu stellen. Mit gesenktem Kopf, leicht abgespreizten Flügeln und weit aufgestelltem Schwanzgefieder drehen die Herren Runde um Runde in der Arena. Dabei erzeugen sie mit Hilfe eines Luftsackes am Hals die charakteristischen Kullertöne. Ab und an zeigen sie auch vollen Körpereinsatz, in dem sie sich zu möglichst kraftvollen Flattersprüngen erheben, die von ausdrucksvollem Zischen und Fauchen begleitet werden. Eine kräftezehrende Zeremonie, die stundenlang andauert und sich wochenlang Morgen für Morgen wiederholt. Zwischendurch übt man sich zusätzlich im Nahkampf: Kontrahenten werden attackiert, sodass manchmal auch die Federn fliegen. Allerdings kommt es bei diesen Kämpfen selten zu ernsthaften Verletzungen.

Um die schwarzen Ritter ist es zunehmend einsamer geworden. Durch die schwindenden Populationen ist die klassische Arenabalz heute nur noch vereinzelt zu erleben. In den letzten verbliebenen Lebensräumen kommen meist nur Einzelbalzen vor. Dabei befindet sich der nächste Hahn bestenfalls noch in Ruf- oder Sichtweite. Die letzten Ritter ihrer Art folgen auch dort dem Ruf der Natur. Mit ungebrochenem Willen balzen sie nunmehr allein. Wochenlang, Runde um Runde in ihrer verwaisten Arena.

BEI RITTERSPIELEN HERRSCHT DAMENWAHL

Wie man es auch von historischen Ritterspielen kennt, beobachten die Damen das Geschehen aus vornehmer Distanz. Von erhöhter Position aus umliegenden Baumwipfeln blicken die Hennen gespannt auf das Treiben im Ring. Ihre Auswahlkriterien sind einfach, für die Nachkommenschaft aber äußerst sinnvoll. Erwählt wird der kräftigste, glanzvollste und stärkste Hahn, der damit beweist, dass er gesund ist und ihn ein stabiles Immunsystem vor Parasiten und Krankheitserregern schützt. Um diese Potenz zu unterstreichen, schwingen sich Hähne auch manchmal in die Kronen umliegender Bäume auf, wo sie sich der Damenwelt dann zusätzlich noch auf Augenhöhe präsentieren.

Ihren erhabenen Aussichtspunkt verlassen die Hennen erst dann, wenn sie es für angebracht halten. Sobald sie endlich auf dem Balzplatz einfliegen, ist ihnen die volle Aufmerksamkeit der Hähne gewiss. Die „Ritter“ forcieren ihre letzten Kräfte. In höchster Erregung umkreisen und bedrängen sie das Objekt ihrer Begierde, müssen aber gleichzeitig auch noch lästige Nebenbuhler abwehren. Die Damen machen es ihnen trotzdem nicht leicht: Erst nach mehreren Besuchen auf dem Balzplatz zeigen sie ihre Bereitschaft zur Kopulation durch eine geduckte Haltung und abgespreizte Flügel an. Der jeweils ausgewählte Hahn kann sich nun über den Lohn all seiner Mühen freuen. Doch wenn er nicht aufpasst, haben manchmal auch Außenseiter das unverhoffte Glück, zum Zuge zu kommen.

Der Höhepunkt der kräftezehrenden Balzzeit ist allerdings nur ein sehr kurzes Vergnügen, dauert die Kopulation doch nur wenige Sekunden. Auch entschwindet die Henne danach schnell, um sich der sorgfältigen Vorbereitung ihres Brutgebietes zu widmen. Der Hahn ist aber bereit, sich umgehend mit der nächsten Henne zu paaren.

EINE NEUE GENERATION ENTSTEHT

NESTBAU, BRUT UND AUFZUCHT

BRUTPFLEGE IST HENNENSACHE

Während die Hähne noch mitten im Balzgeschehen sind, suchen die Hennen längst nach geeigneten Nistplätzen. Als typische Bodenbrüter wählen sie Verstecke in dichten Zwergsträuchern, Gräsern oder unter tief hängenden Kiefern- oder Wacholderästen für ihre Nester aus. Dort scharren sie eine kleine Mulde, die weich mit Gras ausgepolstert wird. In einem Zeitraum von 10 bis 14 Tagen legen die Birkhennen 6 bis 10 Eier ab. Sie fangen aber erst dann an zu brüten, wenn das Gelege komplett ist.

Die Brutzeit dauert etwa 26 Tage. In der norddeutschen Heide beginnt sie Ende April bis Mitte Mai, in Skandinavien und in den Alpen etwas später.

Während der Brut bleibt die Henne fast rund um die Uhr auf ihrem Nest sitzen. Nur zweimal am Tag für eine halbe Stunde, immer etwa zur selben Zeit, verlässt sie das Gelege zur Futteraufnahme. Ein Ritual, das sie nun fast einen Monat lang beibehalten wird. In dieser kurzen Zeit muss sie möglichst große Mengen an pflanzlicher, rohfaserreicher Nahrung aufnehmen. Dabei setzt sie auch eine typische, daumengroße Brutlosung ab, die einen eindeutigen Hinweis auf eine brütende Henne in der näheren Umgebung gibt.

TARNUNG UND VORSICHT ALS ÜBERLEBENSSTRATEGIE

Im Gegensatz zu vielen anderen Vogelarten sind Birkhennen mit Nestbau, Brut und Aufzucht der Jungen völlig auf sich alleingestellt. Somit geht bei einem Verlust des Muttertiers gleich die gesamte Brut verloren. Eine perfekte Tarnung, kluge Nestbaustrategie und vorsichtiges Verhalten sind die einzigen wirksamen „Waffen“, deren sich Hennen bedienen können.

Daher entfernen sie sich auch nur mit größter Vorsicht von ihrem Nest, um den Nistplatz nicht zu verraten. Bevor sie abfliegen, tauchen sie erst mal einige Meter in der dichten Vegetation unter. Besonders Rabenkrähen oder auch Kolkraben beobachten solche Bewegungen sehr aufmerksam und suchen dann gezielt den Bereich nach einem Gelege ab. Die Brutstätten unvorsichtiger Hennen werden schnell gefunden.

Im Rahmen einer wissenschaftliche Studie in der Lüneburger Heide wurden zwei Birkhennen mit einem Telemetriesender ausgestattet und während der Brut beobachtet. Dabei blieb ein Nest unversehrt, das andere wurde von Prädatoren geplündert. Kurz danach legte die betroffene Henne aber ein Nachgelege an einem anderen Niststandort an. Aus beiden Gelegen schlüpften insgesamt elf Küken. Ein Küken schaffte es nicht aus dem Ei.

KÜKENSCHLUPF IST SCHWERSTARBEIT

Einen Tag vor dem Schlupf sind erste Pieptöne aus den Eiern zu hören. Die Küken synchronisieren damit den Zeitraum, in dem sie sich ans Licht der Welt kämpfen. Auch ihre Mutter nimmt jetzt mit leisen Lauten Kontakt zu ihnen auf. Für Nestflüchter ist es eminent wichtig, dass alle Küken in etwa zur gleichen Zeit, also innerhalb eines Tages schlüpfen. Dies ist auch der Grund, weshalb die Henne erst dann mit dem Brüten beginnt, wenn das letzte Ei gelegt wurde.

Der Schlupf ist für die Küken Schwerstarbeit. Aus eigener Kraft müssen sie sich aus dem harten Ei befreien, indem sie mit Hilfe des Eizahns auf ihrer Schnabelspitze die Schale von innen einmal im Kreis drehend aufpicken. Dabei entsteht eine Haube wie bei einem Frühstücksei. Die frischgeschlüpften Küken bleiben vorerst noch unter dem wärmenden Gefieder der Mutter. Doch sobald ihr zartes Dunenkleid getrocknet ist, geht es schnell hinaus in die große Welt.

Bei dem Tüpfelmuster der Eier sind sich Wissenschaftler heute nicht mehr einig, ob es sich dabei wirklich um eine Tarnmaßnahme oder nur um eine Laune der Natur handelt. Wie auch immer: Es hilft, die Gelege unscheinbarer zu machen.

(Zeichnung: Dr. Franz Müller)

GUT BEHÜTETE NESTFLÜCHTER

Birkhuhnküken sind Nestflüchter: Bereits nach wenigen Stunden verlässt die kleine Familie ihre Brutstätte und kehrt dorthin auch nicht wieder zurück. Zum Schutz vor Räubern bleibt sie von nun an ständig in Bewegung. Nur für die Huderphasen und zur Nachtruhe werden Pausen eingelegt. Die Überlebenschancen der Küken hängen zudem sehr stark vom Wetter ab. Bei lang anhaltender nasskalter Witterung in den ersten Lebenswochen unterkühlen die noch sehr zartbefiederten Jungen schnell. Ideal sind trockene und warme Sommertage, die zudem auch ein besseres Nahrungsangebot an Insekten bieten, das die Küken nun dringend zum Wachstum brauchen.

In den ersten Lebenstagen müssen die Küken gehudert werden – an kalten Tagen häufiger als an warmen. Hudern bedeutet, dass die Henne aufwärmenden Unterschlupf unter ihrem Gefieder bietet. Am Anfang ihres Lebens sind die nur circa 25 Gramm leichten Küken auf dieses regelmäßige Ritual angewiesen, da sie ihre Körpertemperatur erst ab dem 18. Lebenstag selbstständig aufrechterhalten können. So suchen sie mehrmals am Tag für einige Minuten die vertraute Wärmequelle auf. Ihre Mutter hat damit einen „Fulltime-Job“: In den ersten Tagen nimmt das Hudern zwischen 60 bis 80 Prozent der Tageszeit ein. Auch zur Nachtruhe finden sich die Küken in kuscheliger Gemeinschaft unter der Henne zusammen. Diese hat dafür vorsorglich einen gut versteckten Schlafplatz ausgesucht und wacht nun im Dämmerschlaf über ihre Jungen.

Noch sehen die kleinen Hühnchen Fasanen- und Rebhuhnküken zum Verwechseln ähnlich. Einzig der haselnussbraune Scheitelfleck ist ein Indiz für die Art, zu der sie gehören. (Zeichnung: Dr. Franz Müller)

Bereits nach vier Tagen erscheinen im Dunenkleid der Küken die ersten Federn des Jugendgefieders.

Nach dem Vorbild der Mutter nehmen auch Küken an sonnigen Tagen ausgiebige Staub- oder Torfbäder. Damit entledigen sie sich lästigen Federlingen aus ihrem Gefieder.

ERSTER FEDERWECHSEL

Die Küken werden schnell erwachsen. Bei gutem Nahrungsangebot beginnt die erste Durchmauserung bereits ab dem vierten Lebenstag. Das dichte Dunenkleid wird nun sukzessive von einem Jugendgefieder abgelöst, dass ein schützendes Tarnmuster aus braun-grauen Streifen aufweist. Gleichzeitig haben sich auch die Flügelfedern soweit ausgebildet, sodass bereits im Alter von drei Wochen kurze Flugstrecken bewältigt werden können.

Ab dann sind die Küken auch dazu in der Lage, sich selbstständig warm zu halten. Den mütterlichen Unterschlupf brauchen sie nun nicht mehr aufzusuchen. Männliche und weibliche Tiere lassen sich in diesem Alter noch nicht voneinander unterscheiden.

War das Dunengefieder der Küken noch sehr pflegeleicht, bedarf das Jugendgefieder eines höheren Pflegeaufwands. Die einzelnen Federn müssen regelmäßig mit dem Schnabel gesäubert und in Form gebracht werden. Zudem gilt es, lästige Quälgeister, wie die milbenartigen Federlinge, mit Sandbädern zu bekämpfen.

War das Dunengefieder der Küken noch sehr pflegeleicht, bedarf das Jugendgefieder einer höheren Aufmerksamkeit. Die einzelnen Federn müssen regelmäßig mit dem Schnabel gesäubert und in Form gebracht werden. Zudem gilt es nun, lästige Parasiten, wie die milbenartigen Federlinge, zu bekämpfen.

Nach zwei bis drei Wochen hat das Jugendgefieder das Dunenkleid fast vollständig ersetzt. Schon nach zehn Tagen sind mit den ersten Schwingenfedern kleine Flatterflüge machbar.

AUF NAHRUNGSSUCHE

Am Anfang ihres Lebens brauchen die Küken nur wenig zusätzliche Nahrung, da ihre Dottersackreserven sie noch eine Weile versorgen. Dadurch können sie notfalls, im Schutze des Gefieders der Mutter, auch eine Zeit im Dauerregen überstehen.
Doch nach wenigen Tagen reicht die Futterreserve nicht mehr aus. Nun müssen sich die jungen Birkhühner eigenständig auf Nahrungssuche begeben.

Birkhuhnküken ernähren sich, wie alle jungen Hühnervögel, in den ersten drei Lebenswochen ausschließlich von Insekten und Spinnentieren sowie deren Raupen, Larven und Puppen. Sie benötigen proteinhaltige Kost für ihr Wachstum. Je mehr Insekten sie finden, desto schneller können sie an Größe zunehmen und ihr Gefieder entwickeln.

Das Futterpicken ist angeboren. Auch lernen die Küken durch Versuch und Irrtum schnell, genießbares Futter von Ungenießbarem zu unterscheiden. Wie Wissenschaftler in den Niederlanden herausfanden, picken die Küken meist nach oben oder in Kopfhöhe, seltener nach unten auf den Boden. Dabei werden selbst einen Millimeter kleine Schildläuse nicht übersehen. Bevorzugt suchen sie aber nach kleinen sich bewegenden Insekten, die sie bereits auch durch Luftsprünge erbeuten können. Ameisenhaufen sind als besonders reichhaltige Nahrungsquelle sehr beliebt.

Ab der dritten bis vierten Lebenswoche gehen die Küken langsam zu vegetarischer Kost über. Jetzt werden auch erste Pflanzenteile wie Blütenblätter, frische Blattspitzen von Gräsern und Kräutern oder auch kleine Samen und Beeren abgepickt. Auf der Suche nach Nahrung durchstreift die Henne mit ihrer Kükenschar Heide-, Moor- und Grasflächen in einem Umkreis von mehreren 100 Metern am Tag.

Nach sechs Wochen erreichen die Küken schon ein Gewicht von 500 Gramm. Über Stock und Stein geht die Suche nach frischen Pflanzenteilen. Aber auch kleine und größere Insekten werden nicht verschmäht.

FAMILIENAUSFLÜGE

Das „Gesperre“, wie die Schar der Küken in der Jägersprache heißt, hält sich anfangs immer in der Nähe der Henne auf. Erst ab der dritten Woche trauen sie es sich schon mal, sich bis zu zehn Meter von ihrer Mutter zu entfernen. Dabei bleiben sie ständig über Stimmfühlungslaute miteinander in Kontakt: „Hier bin ich, wo bist du?“ Entfernt sich ein Küken zu weit oder sendet Verlassenheitssignale, reagiert die Henne mit energischen Lockrufen.

Je nach Alter und Erfahrung verhalten sich Birkhennen beim Führen ihrer Kinderschar sehr individuell. Manche sind ruhig und gelassen, andere auffallend nervös. Aufmerksam sind sie aber alle. So reagieren sie sofort auf Warnrufe von anderen Vögeln, wie zum Beispiel Eichelhähern. Droht Gefahr, sammeln sie ihre Kleinen schnell ein, verbergen sie entweder mit ihrem Körper oder ermahnen sie zum Verstecken in der dichten Bodenvegetation. Geduckt und still verharren die Küken, bis es Entwarnung gibt.

AUF EIGENEN WEGEN

Nach sechs Wochen sind die jungen Birkhühner schon circa 500 Gramm schwer. Im September, in einem Alter von vier Monaten, haben sie bereits rund 90 Prozent des Erwachsenengewichtes erreicht. Junghähne bringen jetzt rund ein Kilogramm, Junghennen cirka 700 Gramm auf die Waage.

In den vorangegangen Wochen wurde das gesamte Jugendgefieder durch ein erstes, voll funktionsfähiges Erwachsenengefieder ausgetauscht, das jetzt auch die Unterscheidung zwischen Hennen und Hähnen möglich macht. Durch kleine Scharmützel entwickeln die halbwüchsigen Jungtiere bereits eine erste Rangordnung untereinander. Auch trainieren sie verschiedene nützliche Verhaltensweisen wie sichern und aufplustern.

Spätestens im Oktober sind die jungen Birkhühner erwachsen geworden. Nun lösen sich die Gesperre auf und vermischen sich zu losen Verbänden, die teils aus Gemeinschaften von Hennen und Hähnen, teils auch in reinen Trupps von Hähnen oder Hennen bestehen. Bis zum nächsten Frühjahr erkunden sie so ihren Lebensraum und legen dabei nicht selten Flugstrecken von 20 Kilometern und mehr zurück.

Junger Birkhahn Ende September in der Mauser vom Jugend- zum Erwachsenengefieder.

RÄUBER DER HEIDE

NATÜRLICHE FEINDE DER BIRKHÜHNER

PRÄDATOREN AUF DEM VORMARSCH

Neben dem Verlust an Lebensraum ist die Zunahme von Prädatoren eine wesentliche Ursache für den Rückgang des Birkhuhns. Auf eine einfache Formel gebracht heißt das: Je eingeschränkter der Lebensraum ist, desto kritischer wirkt sich der Einfluss durch Fressfeinde aus. Ein Effekt, der selbst in den größten Naturschutzgebieten zum Tragen kommt, da diese wie Inseln in die Kulturlandschaft eingebettet sind und somit auch durch die Bedingungen des Umlandes beeinflusst werden.

In optimalen, natürlichen Lebensräumen koexistieren Beutetiere und Raubtiere in einem stabilen Gleichgewicht miteinander. Doch in unserer stark vom Menschen geprägten Landschaft sind Prädatoren auf dem Vormarsch. Vor allem, da sich die Anzahl ihrer Arten durch Freilassungen und Zuwanderung in den letzten Jahrzehnten deutlich erhöht hat.

„Prädatoren" ist ein Sammelbegriff für Fressfeinde oder Raubtiere und Raubvögel. Dazu gehören beispielsweise Fuchs, Marder, Rabenkrähe und Habicht. Hinzu kommen Einwanderer (Neozoen) wie Waschbär, Mink oder Marderhund, die sich in kurzer Zeit stark ausbreiten konnten. Diese eigentlich aus Asien und Amerika stammenden Räuber sind sehr anpassungsfähig an von Menschen geprägte Lebensräume. Sie nutzen ein breites Nahrungsspektrum und ernähren sich oft von den Abfällen der Zivilisation. Auf ihrem natürlichen Speisezettel stehen Früchte, Beeren, Würmer, Insekten, Mäuse, Gelege, Jungtiere, Vögel, Hasen, Kaninchen und Birkhühner.

Auch einstmals ausgerottete Tiere wie Wölfe und Luchse erobern sich Stück für Stück ihre angestammten Gebiete zurück. Die Hauptfeinde des Birkhuhns sind aber Rotfüchse, Baum- und Steinmarder und Habichte. Für Gelege und Küken geht zusätzlich Gefahr von Rabenkrähen, Elstern, Kolkraben, Mäusebussarden, Dachsen, Hermelinen, Waschbären, Marderhunden und Wildschweinen aus.

Es ist eine insgesamt große Schar von Prädatoren, die nicht nur die Existenz von Birkhühnern gefährden, sondern auch Hasen, Rebhühner, Fasanen und Wiesenbrütern das Überleben erschweren.

FUCHS (*VULPES VULPES*)

Füchse gehören zu den erfolgreichsten Raubtieren der Erde und kommen auf der Nordhalbkugel in fast allen Lebensräumen vor. Sie nutzen ein breites Nahrungsspektrum und sind so anpassungsfähig, dass sie sich sogar inmitten von Großstädten wohlfühlen. Dort vermehren sich Füchse zunehmend und stellen als Überträger der Räude, Staupe und Echinokokkose ein Risiko für Haustiere und Menschen dar.

In der Naturlandschaft ist Meister Reinecke ein sehr erfolgreicher und effektiver Mäuse-, Hasen- und Vogeljäger. Besonders während der Aufzucht der circa vier bis sechs Jungen muss die Fuchsfähe eine Menge Nahrung für die vielen Mäuler herbeischaffen. Im weiteren Umfeld des Fuchsbaus verstärkt sich der Druck auf Beutetiere in dieser Zeit enorm.

Aufgrund ihrer hohen Anzahl zählen Füchse zu den Hauptprädatoren des Birkhuhns. So kommen beispielsweise auf einer rund 10.000 Hektar großen Heidefläche in der Lüneburger Heide im Sommer etwa 150 bis 300 Füchse auf nur 30 bis 50 Birkhühner. Eine Übermacht, die zum Schutz der Artenvielfalt nur durch intensive Bejagung reduziert werden kann.

HABICHT *(ACCIPITER GENTILIS)*

Habichte sind in Europa wieder weit verbreitet. Selbst in einigen Stadtwäldern haben sich die wendigen Flugkünstler durch das dortige reichhaltige Nahrungsangebot an Tauben und Krähen etabliert. Ihre Horste bauen sie aber bevorzugt in größeren Waldgebieten.

Habichte erspähen ihre Beutetiere auf große Distanz von höheren Bäumen, Gehölzen oder Hecken aus, die ihnen als Ansitzwarte dienen. Geschickt die Deckung von Waldkanten und Büschen nutzend, kommen die erstklassigen Jäger wie aus dem Nichts angeschossen, um ihre überraschte Beute zu schlagen.

Fette Beute: Selbst deutlich schwerere Tiere wie Kaninchen und junge Feldhasen werden Opfer der schnellen Jäger.

BAUMMARDER *(MARTES MARTES)*

Wegen seines wertvollen Winterfells war der Baummarder früher ein besonders begehrtes Pelztier und wird deshalb auch Edelmarder genannt. Er ist wie alle Marderartigen nachtaktiv, aber bei Weitem der beste Kletterkünstler in seiner Artenfamilie. Das unterstützt eine anatomische Besonderheit: Baummarder können ihre Fußgelenke um 180 Grad drehen. Wie der Name schon vermuten lässt, sind die flinken Tiere an Gebiete mit Baumbeständen gebunden und somit Bewohner von Laub- und Mischwäldern. Allerdings kommen sie auch in den Agrar- und Heidelandschaften häufig vor, wo sie auf größeren Bäumen in Waldinseln und Gehölzen Unterschlupf finden.

Baummarder sind sehr territorial. Ihre Ranz- und Paarungszeit fällt in die Monate Juli bis August, in denen die Rüden ihr Revier vehement gegenüber Rivalen verteidigen. Während der Trächtigkeit verzögert eine „Keimruhe“ die Weiterentwicklung des eingenisteten Embryos bis in die Wintermonate. Dadurch werden die zwei bis vier Jungen erst in den günstigen Frühjahrsmonaten März bis April geboren. Die Baummarderfähe bringt ihre Jungen in Baumhöhlen, ehemaligen Eichhörnchenkobeln oder Greifvogelnestern zu Welt.

Kleine bis mittelgroße Säugetiere wie Mäuse und Hasen, aber auch Vögel und deren Gelege, erbeutet der wendige Jäger am Boden. In den Baumkronen bewegt er sich auf der Jagd nach Eichhörnchen, Vögeln und Brutstätten mit teils meterweiten Sprüngen von Ast zu Ast. Da Baummarder in den Birkhuhn-Lebensräumen häufig vorkommen, stehen diese bei ihnen ganz oben auf dem Speisezettel. In der Lüneburger Heide ist der Baummarder neben dem Fuchs und dem Habicht sicherlich der größte Feind des Birkhuhns.

WILDSCHWEIN *(SUS SCROFA)*

Sie sind die Gewinner einer veränderten Landwirtschaft und des Klimawandels. Große Mais- und Rapsfelder lieferten Wildschweinen in den letzten Jahrzehnten reichlich Nahrung und Deckung. Dazu kamen klimabedingte außergewöhnliche Buchen- und Eichelmasten, ein Begriff, der die ungewöhnlich hohe Menge von Früchten an Bäumen beschreibt. Wildschweine konnten sich im wahrsten Wortsinn „sauwohl" fühlen: Es gab Nahrung satt. So haben sich ihre Bestände mit einer Reproduktionsrate von bis zu unglaublichen 400 Prozent flächendeckend stark vermehrt.

Auch wenn die schlauen Tiere es den Jägern immer schwer machten: Noch vor 30 Jahren betrug die jährliche Jagdstrecke in Niedersachsen rund 10.000 Wildschweine, heute sind es über 70.000 Stück. Um den Prädationsdruck, aber auch die Gefahr von Seuchen wie der Schweinepest maßgeblich zu verringern, müssten aber noch deutlich mehr der Borstentiere erlegt werden.

Auf Nahrungssuche durchstreifen die Allesfresser in großen Rotten auch Birkhuhn-Lebensräume. Dabei nehmen sie auch so manches Nest oder Küken mit.

Wildschweine vermehren sich unglaublich stark. Die sauschlauen Tiere können sich gut in den großen Agrarflächen verstecken und dort jederzeit Futter finden. Auch profitieren sie vom Klimawandel durch die Eichel- und Buchenmasten der vergangenen Jahre.

RABENKRÄHE *(CORVUS CORONE CORONE)*

Die zu den Singvögeln gehörenden Rabenkrähen verfügen wie ihre Artgenossen Kolkraben, Dohlen, Eichelhähern und Elstern über eine vergleichsweise überdurchschnittliche Intelligenz und ein ausgeprägtes Sozialverhalten. Ihre Sangeskünste sind aber eher unterdurchschnittlich.

Rabenkrähen kommen sowohl in der freien Natur als auch in Städten sehr häufig vor. Ihre Nester bauen die monogam lebenden Vögel am liebsten in höheren Bäumen. Obwohl landläufig mit dem Begriff „Rabeneltern" nichts Gutes verbunden wird, kümmern sich die Vögel sehr fürsorglich um ihre zwei bis vier Nestlinge. Auch verteidigen sie den Nachwuchs mit großem Mut gegen Greifvögel wie Bussarde, Habichte und Sperber, die in der Luft ihre wichtigsten natürlichen Feinde sind. Am Boden gelingt es Füchsen manchmal, einen unvorsichtigen Rabenvogel zu erbeuten.

Die hohe Besatzdichte der Krähen wird allerdings zunehmend zum Problem, denn leider verursachen die eigentlich faszinierenden Tiere oft große Verluste an Gelegen, Küken und anderen Jungtieren wie beispielsweise Junghasen. Die schlauen Rabenvögel beobachten ihre Umgebung sehr genau und erkennen sofort, wo sich ein Nest ausrauben lässt. Nicht nur in der Lüneburger Heide machen sie dadurch Birkhühnern und vielen anderen seltenen Arten schwer zu schaffen.

WASCHBÄR *(PROCYON LOTOR)*

Waschbären stammen ursprünglich aus Nordamerika. Vor 70 Jahren wurden sie aktiv in Hessen angesiedelt, um die heimische Fauna zu bereichern. Mit fatalen Folgen, wie wir heute wissen. Auch sind etliche der Tiere aus Pelzfarmen entlaufen oder bei deren Schließungen einfach freigesetzt worden.

Die possierlichen Tiere fühlen sich in dem neuen, eigentlich fremden Lebensraum ausgesprochen wohl und vermehren sich dementsprechend rasch. Von Süden und Osten kommend, breiten sie sich auch in Niedersachsen immer weiter aus. Auch in Städten werden Waschbären mittlerweile zur Plage: Keine Mülltonne ist vor ihnen sicher.

Für die Natur hat die Invasion der Kleinbären verheerende Folgen. Die kletterfreudigen Allesfresser siedeln sich bevorzugt in Gewässernähe an. Als Futter sind reife Früchte, Obst und Beeren sowie auch Mais sehr attraktiv. Würden sie es dabei belassen, wäre der Schaden zu verkraften. Leider werden aber neben Insekten auch selten gewordene Lurche und Frösche verputzt. Ganz besonders aber haben sie es auf Küken und Eier abgesehen. Der Appetit auf diese Beute ist so groß, dass Waschbären es sogar wagen, Adlerhorste zu plündern. So geht von den eigentlich niedlichen Tieren mittlerweile eine ernsthafte Gefahr für die gesamte hiesige Artenvielfalt aus.

MARDERHUND
(NYCTEREUTES PROCYONOIDES)

Weitab von ihrem eigentlichen Zuhause in Ostsibirien, Japan und Nordchina haben sich Marderhunde seit einigen Jahren auch in Deutschland etabliert. Vor gut 100 Jahren zur Pelzgewinnung im westlichen Russland angesiedelt, kam der Enok, wie Marderhunde auch genannt werden, mit dem neuen Lebensraum sehr gut zurecht und machte sich weiter auf den Weg gen Westen.

Die scheuen, meist nachtaktiven Tiere haben eine besondere Überlebensstrategie: Wenn sie bei akuter Gefahr nicht flüchten können, bleiben sie einfach erschlafft, mit offenen Augen liegen und lassen sich sogar wegtragen. Man kann sich den Schreck vorstellen, wenn ein vermeintlich lebloser Marderhund plötzlich von den Toten aufersteht.

In unserer Landschaft haben die Tiere außer dem Wolf keine natürlichen Feinde, was ihrer Ausbreitung leider zugutekommt.

Marderhunde finden in der Heide einen reich gedeckten Tisch. Als Allesfresser ist ein großer Teil ihrer Nahrung pflanzlich, wie Obst, Beeren, Kastanien, Nüsse und Eicheln. Trotzdem wirkt sich ihre Anwesenheit äußerst schädlich auf die heimische Fauna aus. Besonders während der Aufzucht der Jungen können ihnen bodenbrütende Vogelarten, aber auch Hasen und sogar Rehkitze zum Opfer fallen.

STEINMARDER (*MARTES FOINA*)

Steinmarder sind in Mitteleuropa weit verbreitet und vor allem in den Dörfern und Städten anzutreffen. Dort treiben sie ihr Unwesen meist in Schuppen und Hausdächern. Oft wird auch der Motorraum eines Autos als Unterschlupf zweckentfremdet. Um sich dort als Untermieter eindeutig auszuweisen, setzt der Marder Duftmarken aus seinen Analdrüsen ab. Besonders während der Ranzzeit wird das ein Problem, da die Rüden ihr Territorium gegenüber Artgenossen heftig markieren und verteidigen. Das „Carsharing" zwischen Mensch und Marder bleibt meist unbemerkt, bis der Mensch sein Gefährt im Territorium eines anderen Marder-Männchens parkt. Ein Affront mit allseits bekannten Folgen.

Steinmarder sind bei der Futtersuche nicht wählerisch. Sie fressen so gut wie alles, was fressbar ist. Besonders fürchten Hühnerhalter die schlanken Jäger der Nacht: Ein Marder im Hühnerstall kann ein übles Gemetzel anrichten.

Im Gegensatz zu Baumardern gehören Steinmarder zwar nicht zu den Hauptprädatoren der Birkhühner, doch in den Randlagen von Siedlungen, die an Birkhuhn-Lebensräume grenzen, machen die dort lebenden Hühner- und Eierdiebe keinen Unterschied zwischen Nutzvieh und seltenen Wildvögeln.

ILTIS (*MUSTELA PUTORIUS*)

Iltisse können durch ihre auffällige Gesichtszeichnung gut von anderen Mardern unterschieden werden. Klettern jedoch können Iltisse längst nicht so gut wie ihre Verwandten. Allerdings sind sie hervorragende Schwimmer und Taucher. Diese Fähigkeit nutzen sie, um Amphibien, wie Frösche und Lurche, aber auch kleinere Fische zu erbeuten. An Land machen sie Jagd auf Mäuse, Ratten, Vögel und Kaninchen. Iltisse bevorzugen fleischliche Kost.

Dementsprechend gut ist ihr Jagdtrieb ausgeprägt. Schon vor rund 2.500 Jahren wurden sie gezähmt und zur Kaninchenjagd eingesetzt. Auf diese domestizierte Wildtierform gehen Frettchen zurück, die in vielen Farbvarianten vorkommen. Nach wie vor leisten diese, mehr oder weniger zahmen Helfer, ihren Beitrag bei der Jagd auf die teils überbordende und von Krankheiten befallene Kaninchengesellschaft in urbanen Gebieten. Manche Menschen halten die eigensinnigen Frettchen sogar als Haustiere.

Iltisse kommen deutschlandweit nicht mehr so häufig vor. Ihre Jagdgebiete sind wassernahe Bereiche, aber auch offene Feld- und Wiesenfluren. Dort, wo sich die Lebensräume überschneiden, begegnen sie auch Birkhühnern. Für erwachsene Vögel ist die Gefahr dabei gering. Gelege und Küken sind vor einem Überfall der versierten Jäger allerdings nicht sicher.

HERMELIN *(MUSTELA ERMINEA)*

Hermeline gehören zu den kleinsten Vertretern der Marderfamilie. Ihr Bekanntheitsgrad ist aber hoch: Schmückten sie doch unfreiwillig so manchen prachtvollen Mantel der Könige und Fürsten vergangener Zeiten.

Die eigentlich braungefärbten Tiere wechseln zum Winter hin die Farbe ihres weichen Haarkleids. Das dann, bis auf die Schwanzspitze, schneeweiße Fell soll eigentlich der Tarnung dienen. Zu Zeiten der Monarchien und Fürstentümer wurde es den kleinen Mardern jedoch oft zum Verhängnis.

Heutzutage ist ihr prachtvolles Winterfell in der mehr und mehr schneearmen Landschaft eigentlich fehl am Platz. Daher zeigt die Evolution ihre Wirkung: In den hiesigen, zunehmend wärmeren Wintern bleiben Hermeline ganzjährig in Braun gehüllt.

Zu jeder Jahreszeit jagen die schnellen Jäger wieselflink in der strukturreichen Feldmark, in den Heiden und Mooren nach kleinen Säugetieren und Vögeln sowie deren Gelegen. In der Heideregion sind sie daher ein natürlicher Feind der Birkhühner.

DACHS *(MELES MELES)*

Meister Grimbart, wie der Dachs volkstümlich heißt, war in den 1970er Jahren in Deutschland fast ausgerottet. Seit einiger Zeit nehmen die Bestände wieder deutlich zu.

Nicht nur im Wald, wo er seine ausgedehnten Dachsburgen anlegt, ist er heimisch. Auch in den Heiden geht er ständig auf Nahrungssuche und sammelt alles auf, was ihm vor seine sprichwörtliche „Supernase" kommt. Mit der kann er nicht nur mehrere Hundert Mal besser riechen als ein Mensch, sie hilft ihm auch, Lieblingsspeisen wie Insekten und Würmer aus dem Erdreich zu „stechen".

Auch wenn Dachse auf den ersten Blick eher behäbig daher kommen, auf Kurzstrecken können sie so schnell rennen wie ein Jagdhund. Trotzdem werden sie ein ausgewachsenes Birkhuhn sicherlich nur selten erbeuten. Als sogenannte „Schnellstarter" sind diese bei einer Bedrohung sofort in der Luft. Wiederum ist es die Brut, der Gefahr droht.

MÄUSEBUSSARD (*BUTEO BUTEO*)

Mäusebussarde sind wohl die bekanntesten Greifvögel hierzulande. In großen Höhen kreisen sie am Himmel und machen dabei laut mit ihren charakteristischen, lang gezogenen Rufen auf sich aufmerksam. Oft sieht man sie auch auf straßennahen Bäumen und Ansitzstöcken sitzen, wo sie angrenzende Felder beobachten und auf Beute lauern. Dabei lassen sie mit ihrer Erscheinung selbst Vogelkundler oft zweifelnd zurück. Denn kaum ein anderer Vogel ist so unterschiedlich im Gefieder. Die Färbung von Mäusebussarden reicht von hell, fast weiß in vielfältigen Varianten bis hin zu dunkelbraun.

Die guten Beobachter und schnellen Jäger versuchen auf Feldern und Wiesen, Mäuse und andere Kleintiere wie junge Hasen oder Küken zu erbeuten. Sogar brütende Fasanen- oder Birkhennen können auf dem Nest von ihnen überrascht werden. Allerdings sind das vergleichsweise seltene Jagderfolge.

Bussarde sieht man oft auf Ansitzwarten sitzen, wo sie wie ein Radar mit ständiger, langsamer Kopfdrehung ihre Umgebung abscannen.

WIESENWEIHEN *(CIRCUS PYGARGUS)*

Wiesenweihen, wie auch Korn- und Rohrweihen, sind Zugvögel und nur zu Brutzeit im deutschen Norden zu sehen. Spätestens im September fliegen sie gen Süden, um dort zu überwintern.

Wie kaum ein anderer Greifvogel sind Wiesenweihen Bodenbrüter. Ihre Nester legen sie bevorzugt in feuchteren Wiesen, aber auch in Getreidefeldern an, was das Überleben der Jungen schwer macht. Oft wird der Nachwuchs bei der Ernte einfach dahingemäht.

Auf ihren Beutezügen gleiten Wiesenweihen in langsamen, gaukelnden Suchflügen über offene Felder und Wiesen, Moore und Heiden dahin. Ihre Hauptbeute sind Mäuse. Durch ihre bodennahen Überflüge scheuchen sie aber auch Eidechsen, kleinere Vögel und größere Insekten auf, die sie mit blitzschnellen, wendigen Flugmanövern überwältigen. Für erwachsene Birkhühner sind sie keine Gefahr, aber deren Küken passen gut in ihr Beuteschema.

KOLKRABE *(CORVUS CORAX)*

Über die Qualität der stimmlichen Darbietungen des größten Vertreters der Singvögel lässt sich streiten. Über seine Intelligenz nicht. Die Fähigkeiten von Kolkraben lassen einen einfach nur staunen.

Trotzdem oder genau deswegen wurden Rabenvögel lange stark bejagt und waren noch bis vor 50 Jahren in Westdeutschland fast ausgerottet. In den letzten Jahrzehnten sieht man sie wieder häufiger.

Die eindrucksvollen schwarzen Vögel bevorzugen hohe Bäume in größeren Waldkomplexen als Brutplätze. Auf umliegenden offenen Wiesen, Mooren und Heideflächen suchen sie nach Aas, Jungtieren und Gelegen. Ihr starker Schnabel macht ihnen das Erlegen und Zerlegen auch relativ großer Beute und Aas leicht.

Da Kolkraben bis zu 80 Jahre alt werden können, kennen sie ihr Revier gut und somit auch die Brut- und Aufzuchtgebiete von Birkhühnern. In der Lüneburger Heide richten die mittlerweile hohen Dichten von Brutpaaren und vagabundierenden Nichtbrüterschwärmen teils massiven Schaden an.

UHU *(BUBO BUBO)*

Der Uhu ist ein Jäger der Finsternis. In der Abend- und Morgendämmerung begibt er sich auf Beutezug. Mit fast zwei Metern Flügelspannweite gleiten Uhus absolut lautlos durch die Nacht. Ihre Beute finden sie zielsicher durch ihre außergewöhnliche Hör- und Nachtsichtfähigkeit.

Die imposanten Vögel können bis zu 25 Jahren alt werden und leben bevorzugt in Steinbrüchen und Felsregionen der bewaldeten Mittelgebirge. Ihr Nahrungsspektrum reicht von Mäusen, Ratten, Igeln, Eichhörnchen, Kaninchen, Krähen und Ringeltauben bis hin zum Aas von Reh-, Rot- und Schwarzwild.

Nach erfolgreicher Wiederansiedlung sind Uhus auch in den Heidegebieten wieder heimisch geworden, wo sie meist in alten Greifvogelhorsten brüten und ihre Ansitzwarten in den großen Bäumen am Waldrand beziehen. Von dort aus gelingt es den großen Eulen ab und an, auch ein Birkhuhn auf seinem nächtlichen Ruheplatz zu überraschen oder einen Hahn aus der frühmorgendlichen Balzarena zu pflücken.

SEEADLER (*HALIAEETUS ALBICILLA*)

Staunend blickt man in den Himmel, wenn das deutsche Wappentier seine imposanten Kreise zieht. Mit unglaublichen zweieinhalb Metern charakteristisch kantiger Flügelspannweite ist der Seeadler einer der größten Vögel Mitteleuropas.

Im 19. Jahrhundert waren die Adler noch in ganz Europa verbreitet. Doch intensive Bejagung und die Vergiftung durch Pestizide führten zur fast vollständigen Ausrottung in Deutschland. Mittlerweile sind die Bestände wieder im Aufwind. Besonders durch das Verbot des Pestizids DDT und strengste Schutzmaßnahmen konnten sich die menschenscheuen Seeadler in ungestörten, naturbelassenen Gebieten wieder ansiedeln.

Bevorzugt jagen sie über Gewässerlandschaften nach Fischen und Wasservögeln, aber auch über Feld und Flur nach Hasen und Kleingetier. Aber nicht nur frische Ware bestimmt das Menü: Der Speiseplan wird gerne auch mit verendeten Wildtieren ergänzt.

Auch in der Heide kann man nun wieder Seeadler beobachten, in deren Beutespektrum leider auch Birkhühner passen. Somit wird eine seltene Art für eine andere zur Gefahr.

WOLF (*CANIS LUPUS*)

Der Wolf polarisiert außerordentlich. Seit Jahrhunderten wurde er erbittert verfolgt, in Deutschland sogar ausgerottet. Seit mehreren Jahren sind die grauen Jäger wieder auf dem Vormarsch von Ost nach West. Zum Entzücken der Einen, zum Entsetzen der Anderen. In der Heide haben sich Wölfe seit 2007 ihre Reviere nach und nach zurückerobert.

Zu ihrer Hauptbeute gehören vor allem Rehe, Rotwild und Wildschweine. Zumeist werden junge, alte oder kranke Tiere erbeutet.

Für Birkhühner stellen Wölfe nur dann eine Gefahr da, wenn sich ihre Pfade zufällig kreuzen. Aufgrund der höheren Insektendichte sucht Birkwild die Nähe von Wegrändern, wo Begegnungen mit Wölfen nicht ausgeschlossen sind.

Die großen Räuber legen auf ihren nächtlichen Streifzügen bis zu 50 Kilometer Strecke zurück. Dabei nutzen sie bevorzugt Wege als „Schnellstraßen“. Querfeldein gehen sie nur, wenn sie jagdbares Wild gewittert haben oder einen Ruheplatz suchen. Begegnet ihnen ein unvorsichtiges Birkhuhn am Wegesrand, ist das für sie sozusagen ein „Mitnahmegeschäft“. Dort, wo sich Wölfe und Birkhühner einen gemeinsamen Lebensraum teilen, kann daher nicht ausgeschlossen werden, dass gelegentlich auch ein Birkhuhn im Magen eines Wolfes landet.

ARTENSCHUTZ IM ZWIESPALT

Bis zum 19. Jahrhundert wurden die großen Prädatoren wie Bär, Wolf und Luchs aber auch Kolkrabe, Uhu und Seeadler vehement verfolgt und in weiten Teilen Mitteleuropas ausgerottet. Damals waren Verluste von Schafen, Ziegen, Lämmern und Kälbern für die ländliche Bevölkerung noch eine ernsthafte, existenzielle Bedrohung. Zum Schutz der Wild- und Nutztiere in ihren Ländereien gaben die fürstlichen Jagd- und Feudalherren sämtliche großen Raubtiere mit dem Ziel der Ausrottung frei. Bei der Wahl der Mittel war man dabei nicht zimperlich. Die Hatz auf diese Räuber galt für die dörfliche Bevölkerung als Anliegen von hoher gesellschaftlicher Bedeutung.

Nur in den großen Wälder Skandinaviens und Russlands, in den weiten und nur dünn vom Menschen besiedelten Gebieten fanden diese majestätischen Tiere Rückzugsgebiete und konnten überleben. Mit der Einstellung der Verfolgung Mitte des 20. Jahrhunderts und dem hohen Schutz dieser Arten konnten sich Wolf, Seeadler und Kolkrabe in ihren ursprünglichen Verbreitungsgebieten von Ost nach West wieder ausbreiten. Uhu und Luchs wurden aktiv wieder angesiedelt.

Bevorzugte Lebensräume dieser Prädatoren sind mittlerweile auch wieder die größeren Waldgebiete der Lüneburger Heide und die naturnahen Heidebiotope geworden, die auch die letzten Rückzugsgebiete der Birkhühner darstellen. Alle diese Prädatoren-Arten sind auf europäischer Ebene nicht vom Aussterben bedroht. Deutliche Populationszunahmen sind in Deutschland zu erwarten.

Auch das Birkhuhn ist auf europäischer Ebene nicht gefährdet, allerdings ist das Aussterben der autochthonen Population in der Lüneburger Heide und in weiten Teilen Mitteleuropas zu befürchten. Da Wolf, Seeadler und Uhu Birkhühner erbeuten können und Kolkraben als Gelegeräuber auftreten, kann der Schutz der einen zum Untergang der anderen Art beitragen. Allerdings ist anzunehmen, dass die Birkhuhnverluste durch diese „Top-Prädatoren" geringer ausfallen als die durch Fuchs, Habicht und Co. Daher sind Eingriffe neben den Lebensraumverbesserungen vorrangig in die am häufigsten vorkommenden Prädatoren-Arten vorzunehmen, die den größten Einfluss auf die Birkhuhnpopulation haben. Erst wenn alle anderen Maßnahmen zum Schutz des Birkhuhns nicht greifen und jeder einzelne Vogel für das Überleben der Birkhuhnpopulation wichtig geworden ist, muss eine Entscheidung für den Schutz der einen oder anderen Art getroffen werden.

VERANTWORTUNG IN UNSERER HAND

BIRKHUHN UND MENSCH

ALS WAPPENVOGEL VEREWIGT

Auch wenn sie dort schon lange verschwunden sind, schmücken Birkhühner auch heutzutage die Wappen einiger Städte und Gemeinden. Die meisten der Ortschaften liegen in unmittelbarer Nähe ehemals großer Moore, die noch vor wenigen Jahrzehnten von Birkhühnern besiedelt waren. Als Wappensymbol bleiben die Vögel nun weiter im Gedächtnis der Menschen und erinnern an eine längst vergangene Epoche der Zeitgeschichte.

Samtgemeinde Hanstedt,
Landkreis Harburg,
Niedersachsen

Gemeinde Stemmen,
Landkreis Rotenburg,
Niedersachsen

Gemeide Dörpstedt,
Kreis Schleswig-Flensburg
Schleswig-Holstein

Gemeinde Dellstedt,
Kreis Dithmarschen,
Schleswig-Holstein

Gemeinde Hopsten,
Tecklenburger Land,
Nordrhein-Westfalen

Stadt Wiesmoor,
Landkreis Aurich,
Niedersachsen

Gemeinde Twist,
Landkreis Emsland,
Niedersachsen

VON DER JAGDBEUTE ZUM GESCHÜTZTEN WILDTIER

In vergangenen Zeiten war die traditionelle Jagd auf einen balzenden Birkhahn für die Jäger in der Heide ein besonderes Erlebnis und Herausforderung zugleich. Schon im Dunkeln, lange bevor der Birkhahn auf dem Balzplatz erscheint, musste ein sogenannter Schirm besetzt werden. Der Schirm ist ein ebenerdig angelegter Sichtschutz in maximal 25 Metern Entfernung zum Balzplatz. Neben viel Ausdauer war auch eine Menge Glück und Können nötig, um später eine Trophäe in die häusliche Stube zu stellen. Das Augenmerk der Jäger galt daher bevorzugt den stärksten Hähnen. Hennen wurden meist geschont.

Seit jeher war die Birkhuhnjagd in der Lüneburger Heide im Wesentlichen auf wenige, meist örtliche Jäger oder geladene Gäste begrenzt und die Jagdstrecken daher gering. Im Jagdjahr 1962/63 wurden in Niedersachsen beispielsweise 419 Birkhähne erlegt, im Vergleich zu 128.231 Rebhühnern und 84.624 Fasanen. In Skandinavien und Osteuropa wird die Jagd auf Birkhähne heute noch ausgeübt, wenn die Population ausreichend groß und stabil ist. Auch in einigen Bundesländern und Kantonen von Österreich, in Italien und der Schweiz, ist eine streng reglementierte Jagd auf Birkhähne noch erlaubt. Voraussetzung dafür sind allerdings gute Bestände, die in jährlichen Bestandserfassungen belegt werden müssen.

Laut Jagdgesetz genießen Birkhühner in Deutschland seit 1973 eine ganzjährige Schonzeit. Dass Birkhühner in Deutschland weiterhin dem Jagdrecht unterliegen hat den Vorteil, dass die Jäger dadurch verpflichtet sind, diese Tierart zu hegen und zu unterstützen. Durch die Dezimierung von Räubern wie Füchsen, Dachsen, Marderhunden und Co., leisten Jäger heutzutage einen wichtigen Beitrag zum Artenschutz. Darüber hinaus fördert und finanziert die Landesjägerschaft Niedersachsen e.V. und das Landwirtschaftsministerium aus Mitteln der Jagdabgabe seit über 40 Jahren die intensive Forschung und Maßnahmen zum Erhalt der seltenen Vögel.

1998 wurde dieser erwachsenen Henne auf dem Gelände der Firma Rheinmetall ein 25 Gramm leichter Halsbandsender umgelegt. Sechs Jahre später konnte sie dort noch beobachtet werden. Allerdings war die Kapazität der Batterie bereits aufgebraucht, so dass keine Peilungen mehr möglich waren.

DIE ANFÄNGE DER BIRKHUHN-FORSCHUNG

Bereits zu Hermann Löns Zeiten beschrieben Naturforscher sehr eindrücklich die Biologie der Birkhühner und vor allem das Geschehen der Balz. Als dann ab den 1970er Jahren der Rückgang der Birkhühner offensichtlich war, begannen intensive Forschungsarbeiten in vielen Ländern, da das Wissen um die ökologischen Zusammenhänge zwischen den Tieren, ihrem Lebensraum und anderen Umweltfaktoren nur sehr begrenzt war.

Das Institut für Wildtierforschung in Ahnsen, Landkreis Gifhorn, startete 1969 ein groß angelegtes Auswilderungsprojekt. Eine besondere Herausforderung für die Mitarbeiter des Institutes: innerhalb von 30 Jahren wurden über eintausend „wildbahntaugliche" Birkhühner gezüchtet und in verschiedenen Projektgebieten in die Freiheit entlassen. Die Forschungen zu Gesundheit, Nahrung und vor allem zum Verbleib der ausgewilderten Tiere, erbrachten wichtige Erkenntnisse. Nicht zuletzt durch Telemetrie, die aus der heutigen wildbiologischen Forschung nicht mehr wegzudenken ist.

In den 1980er Jahren bekamen die Birkhühner zur Ortung einen Peilsender um den Hals gelegt, der die Tiere aber nicht beeinträchtigte. Selbst die 20 Zentimeter lange Antenne wurde als „Gefieder- Accessoires" von den Hühnern wie eine eigene Feder regelmäßig mitgeputzt. Um die Tiere wiederzufinden, mussten die Wissenschaftler sie im Gelände suchen und per Kreuzpeilung aus größerer Entfernung deren Position bestimmen. Eine zeitintensive Prozedur, die nur wenige Ergebnisse pro Tag ergab. Aber nur so konnten die Aufenthaltsorte der Tiere über das Jahr verfolgt und die Verluste der Tiere geklärt werden. Leider wurde mancher Sender schlussendlich aus einem Fuchsbau ausgegraben.

Die Anbringung der GPS-Rucksacksender erfordert viel Erfahrung, Geschick und Können. Er darf sich nicht lösen, muss aber so bequem sitzen, dass die Bewegungen der Tiere nicht eingeschränkt werden. Die hier zu sehende Henne erbrütete mit dem Sender sechs Küken.

UNTERSTÜTZUNG DURCH AUSWILDERUNG: EIN SCHWIERIGES UNTERFANGEN

Eingriffe in natürliche Vorgänge gestalten sich immer schwierig. Das trifft auch auf Auswilderungsprojekte zu. Was Tiere in der Natur von Kindesbeinen an lernen, ist unter künstlichen Bedingungen nicht oder nur in geringem Maße reproduzierbar. So ist die Freisetzung gezüchteter Birkhühner, selbst wenn sie mit größtem Aufwand und sorgsamer, naturnaher Haltung betrieben wird, ein kompliziertes Unterfangen. Bei der Aufzucht ist eine natürliche Nahrung absolut notwendig, um die Entwicklung des speziellen Verdauungssystems und der Darmflora der Tiere optimal zu ermöglichen. Auch muss ständig auf einen drohenden Parasitenbefall geachtet werden.

Ist die Aufzucht der Birkhühner gelungen, erfolgt die Auswilderung stufenweise, zunächst über Eingewöhnungsvolieren im künftigen natürlichen Lebensraum. Bei dieser wichtigen Akklimatisierungsphase werden die Tiere auch mit ihren Fressfeinden konfrontiert, die auf die mögliche Beute aufmerksam werden. Fuchs, Marder, Habicht und Co. versuchen gelegentlich in die Volieren einzudringen und setzten die Hühner dabei unter Stress. Das schnelle Auffliegen, das Birkhühner in freier Wildbahn rettet, kann in den Netzen der Voliere zum Problem werden. Nach cirka 14 Tagen können die Tiere dann durch die geöffneten Netze allmählich in die Freiheit gelangen. Bei dieser „seichten Auswilderung“ konnten sich die Tiere nach und nach an ihre neue Umgebung gewöhnen.

Insgesamt wurden zwischen 1970 und 2000 mit enormen Aufwand über 1.800 Birkhühnern in Niedersachsen gezüchtet und ausgewildert. Ein Bemühen, das den Rückgang der Population nicht stoppen konnte. Auch in Schleswig-Holstein oder Baden-Württemberg waren die Auswilderungsprojekte nicht von Erfolg gekrönt. Warum das so ist, lässt sich mit den bereits beschriebenen Ursachen der Reduktion natürlicher Vorkommen erklären. Wo geeignete Lebensräume immer kleiner werden, haben die Tiere nur geringe Überlebenschancen. Ein Resümee, das sich auch in den Ergebnissen von Unterstützungsprojekten für Fasan und Rebhuhn widerspiegelt.

Vor der Besenderung steht der Fang: Mit balzenden Hähnen in der Lockvoliere und Hahn- und Hennenattrappen sollen die wilden Hähne überlistet und in die Fallen gelockt werden.

BIRKHUHN-FORSCHUNG HEUTE

Die heutigen Hightech-Telemetriesender machen den Forschern die Arbeit deutlich leichter. Dank GPS lassen sich Verhalten und Wanderbewegungen sehr detailliert erfassen. Ein weiteres wichtiges Forschungsfeld sind genetische Analysen. Federn oder frischer Kot geben Aufschluss über den Genpool und lassen Rückschlüsse auf die Vitalität der Tiere zu.

Wildbiologische Forschung ist kein Selbstzweck, sondern die Grundlage für den Einsatz effektiver Maßnahmen zum Schutz und der Erhaltung bedrohter Tierarten wie dem Birkhuhn in der Lüneburger Heide. In den ersten Jahren der Auswilderungsprojekte galt es den Verbleib der Tiere zu klären. Im Mittelpunkt standen die Fragen, ob sie gefressen werden, abwandern oder aufgrund mangelnder Überlebensfähigkeit sterben. Im Ergebnis wiesen auch die gezüchteten Birkhühner ein normales Feindvermeidungsverhalten auf. Trotz allem wurden die meisten in den ersten Wochen nach der Auswilderung von Prädatoren erbeutet.

Die Telemetrie liefert auch wertvolle Erkenntnisse zur Lebensraumnutzung im Wechsel der Jahreszeiten und zu nützlichen Pflegemaßnahmen. Die Daten zeigen, dass Birkhühner in der Lüneburger Heide sehr standorttreu sind, jedoch die Wälder und Waldränder meiden. Das unterscheidet sie von ihren Verwandten in Schweden. Die Angst der hiesigen Birkhühner vor Feinden in den Wäldern kann dafür ein möglicher Grund sein. In weiten, offenen Heideflächen können Birkhühner anfliegende Habichte oder anschleichende Füchse viel schneller und besser erkennen.

Kot- und Nahrungsanalysen lassen den Schluss zu, dass für die Tiere in der Heide auch in der kalten Jahreszeit ausreichend Nahrung verfügbar ist. Studien aus den Alpen in Österreich und der Schweiz ergaben, dass Störungen durch Skifahrer, die sich abseits der Pisten bewegen, starken Stress bei den Tieren auslösen. Dies konnte im Kot der Birkhühner durch erhöhte Werte von Stresshormonen nachgewiesen werden.

Mit dem Rückgang der Raufußhühner in Mitteleuropa geht leider auch eine Reduzierung der Forschungsaktivitäten einher. Aufgrund mangelnder öffentlicher Aufmerksamkeit werden nötige Mittel nur begrenzt zur Verfügung gestellt. Dabei sind Forschungsergebnisse die Grundlage für effektive Schutzmaßnahmen.

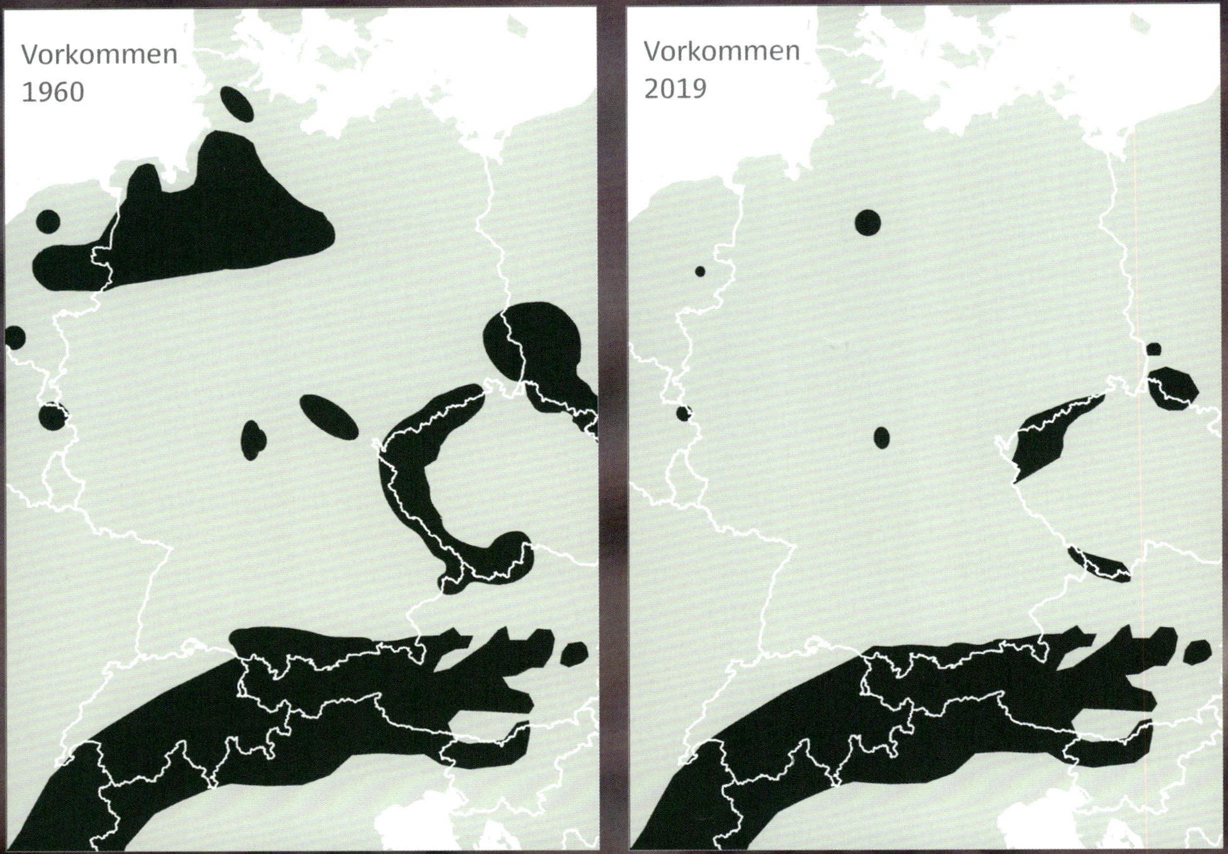

Veränderung der Birkhuhnvorkommen in Deutschland zwischen 1960 und 2019 (verändert nach „BirdLife International and Handbook of the Birds of the World 2018“)

DIE LETZEN RITTER DER HEIDE: EINE AKTUELLE BESTANDSAUFNAHME

Seit 1995 koordiniert die staatliche Vogelschutzwarte des Landes Niedersachsen die jährlichen Birkhuhnzählungen, die zwischen April und Mai von den jeweils verantwortlichen Akteuren in den Gebieten durchgeführt werden Bei einer ersten Bestandsaufnahme in den 1960er Jahren wurden noch über 7.700 Birkhühner geschätzt. Innerhalb von 20 Jahren schrumpften die Vorkommen drastisch auf etwa 250 Tiere zusammen. 2019 konnten nur noch 130 Birkhühner erfasst werden. Die letzten Tiere ihrer Art leben ausschließlich in der Lüneburger Heide. Alle anderen Populationen in den ehemaligen Mooren sind mittlerweile erloschen. Leider hält der Rückgang in den letzten Jahren ungebrochen an, sodass ein Aussterben dieser Tierart für Norddeutschland in naher Zukunft zu befürchten ist.

Die autochthone, also angestammte, Birkhuhnpopulation in der Naturregion Lüneburger Heide ist heute in fünf größere Subpopulationen zersplittert, die sich auf das Naturschutzgebiet Lüneburger Heide, auf die drei Truppenübungsplätze Bergen, Munster Nord und Munster Süd sowie auf das Testgelände der Firma Rheinmetall verteilen. Darüber hinaus kommen Birkhühner aktuell in geringer Anzahl in drei kleineren Moor- bzw. Heidegebieten im Nahbereich dieser Kerngebiete vor, die sporadisch auf natürlichem Wege besiedelt werden.

Auf der bayerischen Seite der Rhön, in der Sallandse Heuwelrug in den Niederlanden und im Hohen Venn in Belgien wird derzeit versucht, stabile Birkhuhnpopulationen durch Aussetzungen von gefangenen Birkhühnern aus Schweden aufzubauen. Die autochthonen Populationen sind in diesen Gebieten vor einigen Jahren erloschen. Ob dieser Versuch gelingen wird, ist auch nach mehreren Jahren noch ungewiss. Die tschechischen und polnischen Populationen sind ebenfalls stark zurückgegangen und vom Aussterben bedroht. Einzig die Birkhühner in den Alpen scheinen langfristig in Mitteleuropa eine Überlebenschance zu haben.

MASSIVER POPULATIONSEINBRUCH IN KURZER ZEIT

Angesichts der Zahlen stellt sich die Frage, wie und warum es zu einem solch abrupten Populationseinbruch kommen konnte. Die Hauptursache ist, wie bereits beschrieben, die massive Veränderung der Kulturlandschaft durch Aufforstung und Umwandlung von Moor- und Heideflächen in landwirtschaftliche Nutzflächen. Dazu kam der Anstieg der Prädatoren. Allein die Fuchsdichte hat sich seit den 1960er Jahren bis heute mehr als verdoppelt.

Abrupte Einbrüche an einem bestimmten Kipp-Punkt sind typisch für solche negativen Entwicklungen. Wenn sich Umweltfaktoren kontinuierlich verschlechtern, sind die Populationen eine Zeit lang noch scheinbar stabil, zersplittern aber immer weiter, geraten durch Prädation überproportional unter Druck und können die Verluste durch Reproduktion nicht mehr ausgleichen. Dann, ab einem bestimmten Zeitpunkt, beginnt der rapide Absturz. Hinzu kommt, dass in den verbleibenden Restvorkommen die genetische Variabilität sinkt und Inzuchtdefekte auftreten. Ein Abwärtsstrudel, der schwer zu stoppen ist.

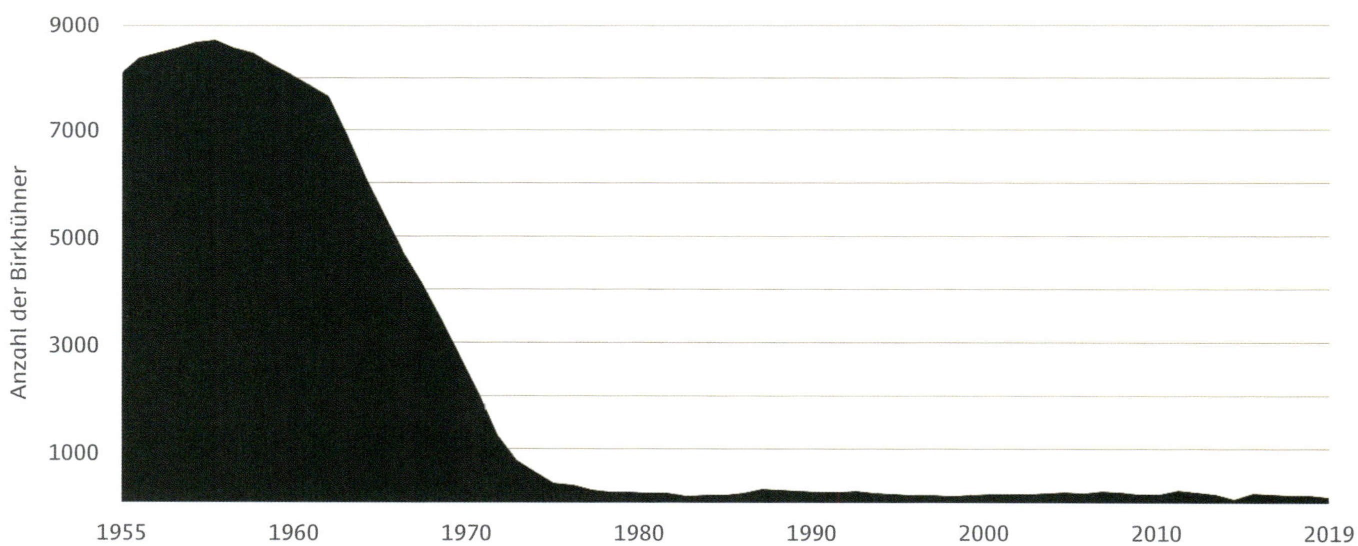

Anzahl Birkhühner in Niedersachsen 1955 bis 2019
(verändert nach Ludwig et al. 2008 und Daten der Staatlichen Vogelschutzwarte Niedersachsen 2019)

SCHWIERIGE LAGE: ZUKUNFT DES BIRKHUHNS IN NORDDEUTSCHLAND

Voraussetzungen für das Überleben des Birkhuhns in der Norddeutschen Tiefebene sind vorrangig ausreichende, großzügige und geeignete Lebensräume. Moor- und Heideareale von mehreren tausend Hektar Fläche müssen für Birkhühner in einem guten Erhaltungszustand, wie es technisch heißt, vorgehalten werden. Davon profitieren natürlich auch viele andere seltene Tier- und Pflanzenarten. Um diese großen Flächen in unserer intensiv genutzten Kulturlandschaft bereitzustellen und zu pflegen, bedarf es vieler Akteure, die einerseits auf die Nutzung von Flächen verzichten und andererseits die Pflegemaßnahmen langfristig finanzieren.

Ein nebeneinander von touristischer Nutzung wie zum Beispiel in dem Naturschutzgebiet Lüneburger Heide oder einer militärischen Nutzung wie auf den Truppenübungsplätzen muss sich nicht ausschließen. Die Birkhühner können sich mit diesen Einschränkungen arrangieren, wenn sie ausreichende ungestörte Rückzugsgebiete haben.
Auch Jäger und Förster können ihren Beitrag leisten um den Prädationsdruck durch eine flankierende Bejagung der wichtigsten Prädatoren wie Fuchs, Marder und Habicht zu reduzieren. Allein paradiesische Lebensräume in Naturschutzgebieten werden Birkhühner in der heutigen Zeit nicht retten.

Die Birkhuhnpopulation der Lüneburger Heide ist seit über 40 Jahren auf eine kleine Anzahl geschrumpft und nunmehr in mehrere isolierte Teilpopulationen zersplittert. Durch diesen lang anhaltenden „genetischen Flaschenhals“, ist die Variabilität der Populationen stark eingeschränkt und die biologische Fitness beeinträchtigt. Langfristig müssten Birkhühner aus anderen Ländern zur „Blutauffrischung“ eingebracht werden. Der „Aktionsplan Birkhuhn Lüneburger Heide“ wurde vorgeschlagen, um alle Akteure an einem runden Tisch für die Zusammenarbeit zu verpflichten und mit Taten das Birkhuhn in der Lüneburger Heide zu erhalten. Nur mit Lippenbekenntnissen ist das Aussterben des Birkhuhns in der Norddeutschen Tiefebene vorprogrammiert.

Für ein effektives Birkhuhnmanagement sind noch viele Fragen zu beantworten. Die Naturschutzbehörden Deutschlands und besonders Niedersachsens tragen eine hohe Verantwortung für die Erhaltung der Population im Norddeutschen Tiefland. Die beteiligten Akteure vor Ort sind im Birkhuhnschutz nach wie vor sehr engagiert.

ARTENSCHUTZ IN MENSCHENHAND

Heutzutage ist es nur wenigen Menschen vergönnt, Birkhühner in freier Wildbahn zu erleben. Vielleicht ist es schwer zu verstehen, dass Forscher, Ornithologen und Naturschützer sich mit viel Herzblut über Jahrzehnte unermüdlich für den Erhalt der Tiere einsetzen. Möglicherweise stellt sich auch die Frage, ob unsere Welt wirklich ärmer wird, wenn eine Art verschwindet.

Aber Birkhühner sind nur eine der vielen bedrohten Arten in Fauna und Flora, deren Schicksal in unserer Hand liegt. In heutigen Zeiten mehr denn je. Wissenschaftliche Studien in Deutschland und Europa zeigen, dass der Rückgang der Artenvielfalt nicht nur anhält, sondern sich der Verlust der gesamten Biodiversität in einem dramatischen Ausmaß beschleunigt. Es wird also höchste Zeit umzudenken. Dazu kann tatsächlich jeder Einzelne beitragen.

Die Natur braucht uns Menschen nicht – ohne die Natur aber können wir nicht überleben.

Wie wir brauchen auch Tiere geschützte Rückzugsgebiete. Egal ob wirtschaftliche oder touristische Interessen im Vordergrund stehen: Aufmerksamkeit und Respekt gegenüber der Flora und Fauna zahlt sich langfristig aus. Genießen Sie die Schönheit der Natur und lassen Sie Pflanzen und Tiere einen genügenden Lebensraum.

WIR DANKEN HERZLICH FÜR DIE UNTERSTÜZUNG:

RHEINMETALL
GROUP

Der internationale Konzern Rheinmetall ist seit 130 Jahren in der niedersächsischen Heide fest verwurzelt. Das rund 60 Quadratkilometer umfassende Firmengelände wird nicht nur unter wirtschaftlichen Aspekten genutzt, sondern auch nachhaltig im Sinne des Landschafts- und Naturschutzes gepflegt. Durch ein beispielhaftes Flächenmanagement konnte ein einzigartiges Konzept verwirklicht werden, das industrielle Nutzung mit aktivem Naturschutz verbindet und vielen bedrohten Arten eine Heimat bietet. So entwickelte sich im Schutz der Sicherheitszone eine ungewöhnlich reiche Flora und Fauna. Ergänzt durch moderne Forstwirtschaft und artengerechtes Jagdmanagement ergibt sich ein erfolgreiches Gesamtkonzept, das nicht nur deutschlandweit große Beachtung findet. Auf dem Rheinmetall-Gelände lebt heute 15 Prozent der deutschen Birkhuhnpopulation.

Landesjägerschaft Niedersachsen e. V.

Anerkannter Naturschutzverband

Zweck der Landesjägerschaft Niedersachsen als anerkannter Naturschutzverband ist die Förderung der freilebenden Tierwelt im Rahmen des Jagdrechts, sowie des Naturschutzes, der Landschaftspflege, des Tierschutzes und des Umweltschutzes. Aus Mitteln der Jagdabgabe unterstützt und finanziert die Landesjägerschaft Niedersachsen e.V. seit über 40 Jahren die Forschung und Maßnahmen zum Erhalt der Birkhühner in Niedersachsen.

WIR DANKEN HERZLICH FÜR DIE UNTERSTÜZUNG:

VELTINS

195 Jahre Veltins stehen für Qualität und Naturverbundenheit

1824 begann eine kleine Landbrauerei in Grevenstein, Bier nach deutschem Reinheitsgebot zu brauen. Rund 195 Jahre später präsentiert sich hier eine der modernsten Privatbrauereien Europas: die Brauerei C. & A. Veltins. Die Fundamente dieser Erfolgsgeschichte des seit fünf Generationen von der Familie Veltins geführten Unternehmens sind Investitionskraft, unternehmerischer Weitblick und Naturverbundenheit mit höchstem Qualitätsanspruch. Das Quellwasser, das in den Bergen rund um Grevenstein entspringt, erweist sich seit jeher als besonders klar und weich – ideale Voraussetzungen für ein Bier Pilsener Brauart. Das Wichtigste aber bleibt der Mensch. An der Schnittstelle von Natur und Technik machen heute erfahrene Braumeister aus all diesen Faktoren ein frisches Veltins – natürlich nach dem deutschen Reinheitsgebot. Für wirklichen Biergenuss.